沖積低地

土地条件と自然災害リスク

海津正倫 著

古今書院

Alluvial and coastal plains:
Geo-environment and natural hazard risk

UMITSU Masatomo

Kokon-Shoin Publishers, Tokyo 2019

まえがき

わが国では自然災害のデパートといっても過言ではないほど，毎年のようにさまざまな自然災害が発生している．最近の自然災害を見ても2011年3月の東日本大震災，2014年8月の広島市の土砂災害，2014年9月の御嶽山の噴火，2016年4月の熊本地震，2017年7月の九州北部豪雨，そして2018年6月の大阪府北部の地震や7月の西日本豪雨災害，さらに9月の北海道胆振東部地震などさまざまな災害が発生しており，多くの犠牲者や被害を引き起こしている．そのようなさまざまな災害が発生している日本の国土のなかでも，とくに多くの人々が生活し，活発な生産活動がおこなわれている沖積平野や海岸平野は，その形成過程を背景として軟弱な地盤を持ち，河川の氾濫や内水氾濫などの水害，地震とそれに伴う津波や液状化，そして高潮よる災害などさまざまな自然災害に深く関わっているため，ひとたび自然災害が発生すれば多大な被害がひきおこされる．

わが国の自然災害に対してはこれまでさまざまな対策が取られ，とくに，近年は大規模な土木工事が進められてハード的には以前に比べて強靱な国土になっているといわれている．一方，ソフト的には自然災害に対して人々がどのように取り組むかが大きな課題になっており，災害に対して「自助」・「公助」・「共助」が必要だといわれている．そのなかでも「自助」は物資の備蓄とか家屋の耐震化とかの災害を受ける前の物理的な準備といった側面に目が行きがちであるが，災害に対しての心構えという意識の面も重要である．そのような点において，災害時の避難路や被災時における家族との連絡方法の事前確認などの災害に対しての直接的な心構えが必要である一方，自分達が生活している場所が災害に対してどのような危険性をもっているのかを事前に知っておくということも非常に重要である．

近年，前線の活動が活発化したり，台風が接近したりするなどの際に避難勧告や避難指示が出される例がしばしばみられる．ときには市内全域に対して避難指示が出されるといった例もあるが，それらの例をみると，市域には，洪水の危険性の高い河川沿いの低地が存在する一方，危険性の低い台地の地域が広く分布していることもあり，一律の対応は必ずしも適当ではないと思われる場合もある．もちろん台地上には一般の台地面より低い浅い谷などがあり，必ずしも台地の上がすべて水害に対して安全と言い切ることはできないが，行政側が谷底平野や沖積平野などの沖積低地に比べて台地上は一般的に水害に遭いにくいことを知り，台地面上でも浅い谷の部分は水が集まりやすいので水害の危険性があるなどといったことを理解していれば，市域全体に対して均一の避難勧告や避難指示が出される必要は無く，きめ細かい対応によって水害の危険性が極めて低い所に住む住民が危険を冒して避難するということもなくなると考えられる．

一方，行政側がそのようなことをきちんと理解してしっかりした対応をすることはもちろん必要ではあるが，住民の側も自然災害に対して全面的に行政の判断にまかせるのではなく，「自助」の観点から住民自身が自分の生活の場がどのような場所で，どのようなリスクがあるかを知り，危険を事前に察知して早めの避難をしたりできるような判断力をもつということも必要であろう．

実際に，避難勧告が出たときにはすでに氾濫が始まっていたという例や，2009 年の兵庫県佐用町で発生した水害（山本ほか 2012）のように自主避難した人達が濁流に流されて犠牲になったという例もあり，実際には難しい判断が必要とされる場合もあると思うが，住民自身もしっかりと自分たちの生活の場の特性を知っておくことが必要であると思う．

また，住民主体のいわゆる「自助・共助」が重要であるとともに，さまざまな立場からの対応も大切であるといった指摘もなされており（牛山・片田 2010），基本的には地域の住民や行政関係者をはじめとするさまざまな人達がそれぞれの立場から自然環境に対する知識や認識を高めることが必要であろう．すなわち，我々はさまざまな立場のもとに身近な場所の土地の特性を知り，そのような土地の特性が自然災害とどのように関わるのかを知っておく必要があると考えられる．

本書ではそのような観点から，多くの人々が生活し，これまでさまざまな自然災害が発生してきた沖積平野や海岸平野について理解を深める事を目的として，それらの地域における土地の特性を示すとともに，それぞれの土地の自然災害に対する脆弱性についても示したいと考える．

一方，土地の特性を知る手掛かりとして地形分類図があるが，その存在があまり知られていないことに加えて，公的機関から刊行されている地形分類図にはさまざまなものがあり，刊行目的に応じて地形の凡例や分類基準に違いも見られる．また，地方自治体で行政にあたっている方々や住民の立場から，地形分類図は凡例が複雑だったり細かすぎたりしていてわかりにくいという声も聞く．ただ，地形分類図に示された地形がどのようなものでどのような特性をもっているかを理解すれば，凡例の用語は違っていてもそれぞれの場所の特性を理解することができ，災害に対する脆弱性を知ることもできるはずであり，地形分類図に関する認識を深めることが望まれる．そして，さまざまな人達が自分の問題として地形分類図を理解し，丁寧にみることができれば，自宅や学校・勤務先の場所の土地条件を知ることが可能になり，災害時の避難所や避難路などが安全であるかといったさまざまな情報を得ることも可能になる．

このような観点から，本書ではまず第 I 章において身近な地形やその変化をみる目を筆者の経験をふまえながら述べ，あわせて平野の地形を知る手掛かりとしての地形図，空中写真，衛星画像などや WEB サイトで提供されている関連したさまざまな情報について紹介する．第 II 章では沖積低地の生い立ちに関わる基本的なことがらを理解し，第 III 章で沖積平野・海岸平野に分布するさまざまな地形について地形ごとにその特徴を把握する．さらに，第 IV 章では事例をふまえながらそれぞれの地形の災害に対する脆弱性について述べ，第 V 章でそれらの地形を区分して示す地形分類図がどのような歴史のもとに作成されて今日に至ったかについて述べる．

なお，筆者はこれまで国内外の沖積低地や自然災害の現場に出かけて調査をおこなってきた．本書で用いた写真はそれらにもとづくもので，写真 I-1-1 を除きすべて筆者が撮影したものである．

目 次

I　過去の地図や空中写真からわかる沖積低地の変化

I-1　多摩川低地の旧河道

I-1-1　下丸子駅付近の記憶

筆者が子どもの頃，東急目蒲線（現在の東急多摩川線）に乗った際に下丸子という駅の近くで線路のすぐ横にアシが生える大きな池がみえたという記憶がある．当時はまだ所々に空き地があったが，そのような池が都会の片隅に無造作に放置されたように見られるのは何か不思議な感じがしていた．後年，地形図に接するようになり，地図をひろげてみると駅の北西の台地上に光明寺という寺があり，その崖下に細長い池が記載されていて，これがあのときの池だったのかとなんとなく納得していた．ただ，当時の記憶では確かにアシの生える細長い池は存在していたが，光明寺下の池は車窓から少し離れた台地の縁に沿って細長くのびており，ぼんやり記憶に残っている線路のすぐ横の池とは異なるのではないかというやや腑に落ちない気持ちも続いていた．

そのようななか，荻原ほか（2002）という本を見つけ，そのなかの記述に目がとまった．そこには，「下丸子駅を出発した下り電車からは，昭和30年代中頃まで，左手の線路沿いの桜並木越しに大きな池と葦の群生が見られた.」という記述があり，「目蒲線唯一の自然景観であった.」と記載されていたのであった．さらに，そこには線路際の池を横に見ながら走る電車の写真（写真I-1-1）まで掲載されていて，筆者の子どもの頃の記憶が間違っていなかったことが確認されたのであった．

それまで，この地域については地形図や一般向けの地図などを見たりしていたが，残念ながら光明寺下の池は記載されているものの，線路際の池が示されている地図を見つけることができなかった．大学生になり，ある場所の土地の様子を把握する上では地形図のみならず空中写真も有効であることを知り，この地域が写っている空中写真を注文したりもした．ただ，撮影時期が適当でなかったようで，手に入れた空中写真には線路脇の池は存在していなかった．

写真I-1-1　下丸子駅を出て蒲田に向かう下り電車のすぐ脇にひろがる池
荻原ほか（2002）宮田道一撮影，『回想の東京急行II』所収．

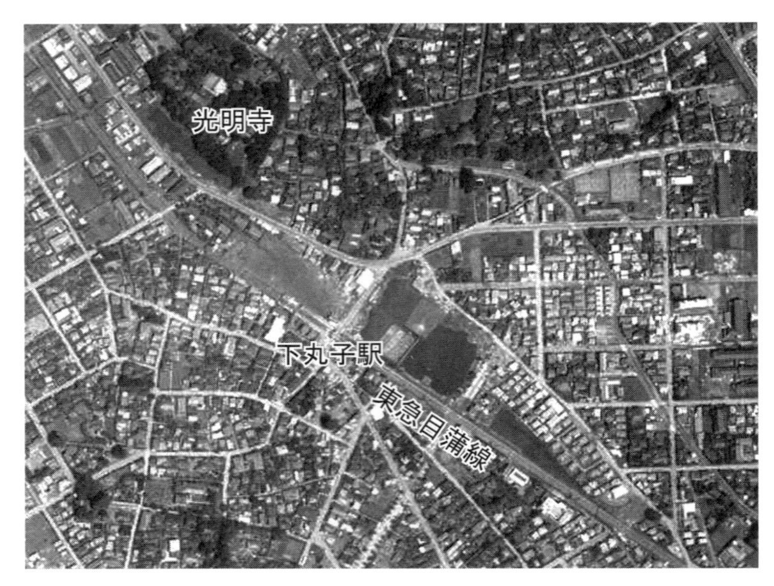

図 I-1-1　1959 年 5 月撮影の下丸子駅付近を示す空中写真（KT592YZ-A20C-4442）（部分）

写真 I-1-2　現在の下丸子駅付近から蒲田方向を見た写真（2019 年 5 月撮影）
左の大田区民プラザの建物付近やその先に池が存在していた．

近年，国土地理院は地理院地図を充実させており，ある場所の過去の空中写真を地理院地図上でみることができるようになっている．さらに国土地理院のホームページでは，トップページの「地図・空中写真・地理調査」をプルダウンすると，「地図・空中写真・閲覧サービス」のページを開くことができ，撮影時期や縮尺などの属性を指定して空中写真の画像をダウンロードすることもできるようになっている．そこで，筆者が線路際の池を見た頃の 1959 年 5 月 10 日撮影の空中写真があることを知り，早速入手してみた．その結果，この空中写真には紛れもなく下丸子駅の先の線路際に池が写っており，池は一部が埋め立てられて 3 つに分かれてはいるものの，当時のこの地域の様子をしっかりと確認することができたのであった（図 I-1-1）．現在のこの池の場所は大田区民プラザとその東側の駐車場，さらにその先の住宅地の部分にあたっており，現地を歩いてみても池の痕跡は全く

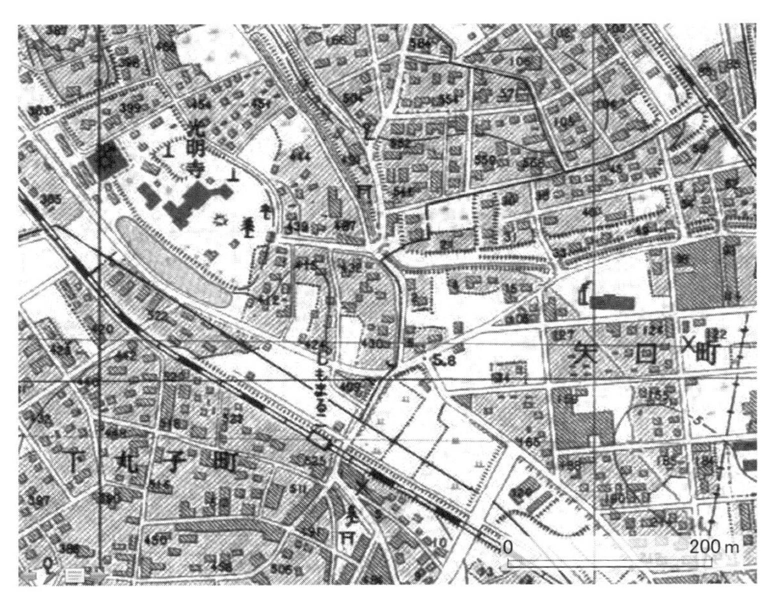

図 I-1-2　下丸子付近を示す 1958 年発行の 1 万分の 1 地形図「田園調布」(部分)

認められない（写真 I-1-2）．しかしながら，空中写真とつきあわせて現地を確認すると，それぞれの場所の過去の様子を知ることができ，空中写真に示された当時と現在との大きな景観変化を把握することができる．

では，なぜ写真 I-1-1 に示された線路際の池や光明寺下の池などが存在したのだろうか．この疑問を解くために，昭和 30 年代の地形図を調べてみた．図 I-1-2 は 1958 年発行の 1 万分の 1 地形図「田園調布」の一部である．図をみると駅の北西に光明寺があり，その下に細長い池がはっきりと描かれている．ただ，下丸子駅のすぐ北側の土地は何も地図記号が記載されておらず空き地か畑になっており，さらに下丸子駅の東から南東にかけての部分には線路に沿って水田が帯状に続いていて，下丸子駅のすぐ北の空き地や光明寺下の池に連続しているようにみえる．このように周囲には住宅地がひろがっているにもかかわらず，この部分が水田や空き地として帯状に残っているのは何かそれなりの理由があると思われる．

なお，この地形図は 1958 年発行となっているが，地形図の作成にあたっては 1953 年撮影の空中写真を使っているとされており，その時点では線路際の池があった場所は水田だったようである．筆者が子どもの頃に見た景色はそのあとであるため，線路際の水田はその後の時期に放棄されて写真 I-1-1 や図 I-1-1 に示されるような池になったと推察される．

I-1-2　旧版地形図からわかる過去の地形と土地条件

では，この帯状にのびる水田の列は，どのような生い立ちをもっているのだろうか．さらにその昔を知るために，筆者が所属していた名古屋大学地理学教室の地図資料から 1931 年発行（1928 年第二回修正測図，1929 年鉄道補入）の地形図を探してみた（図 I-1-3）．この図をみると，1958 年の地形図に示されていた下丸子の東側の水田の場所は

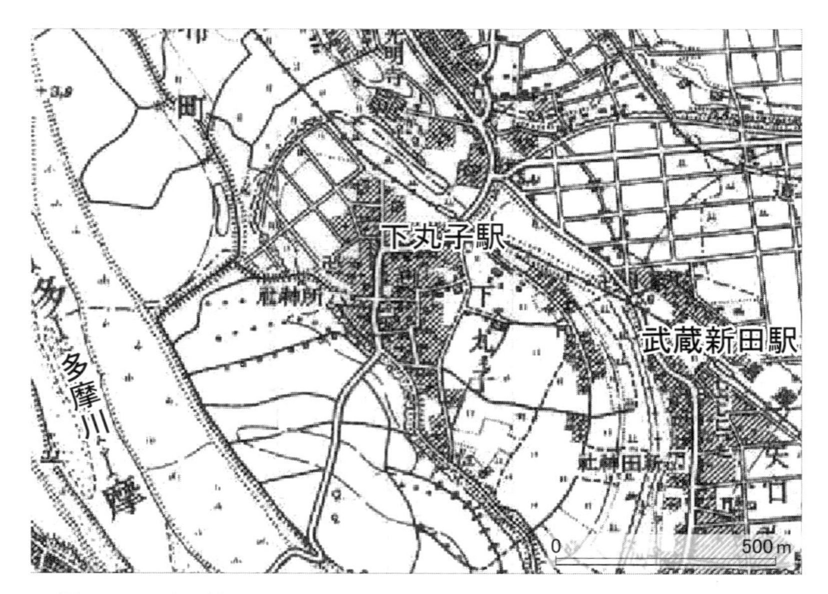

図 I-1-3　下丸子付近を示す 1931 年発行の 2 万 5,000 分の 1 地形図「川崎」（部分）

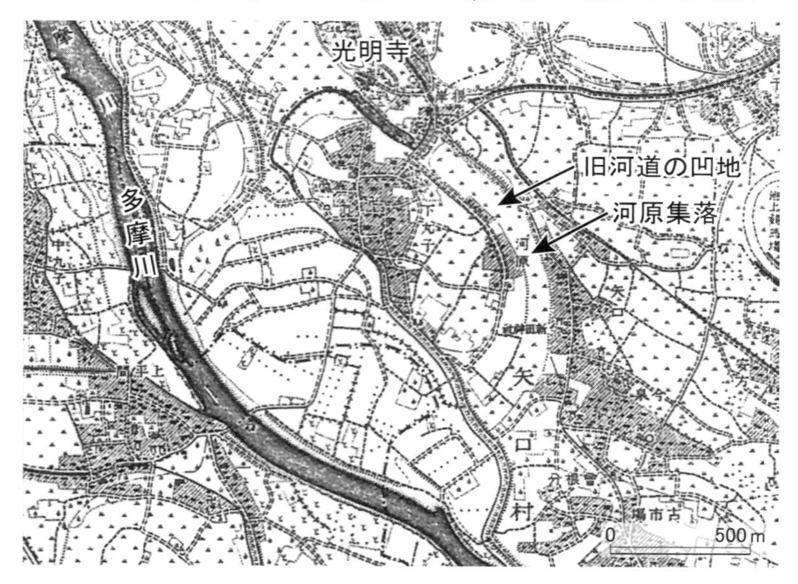

図 I-1-4　下丸子付近を示す 1909 年発行（1906 年測図）の 2 万分の 1 地形図「溝口」（部分）

記号の無い空き地あるいは畑となっているが，その空き地のさらに先の部分は水田となっていて，南へ向けて大きくカーブしながらのびていることがわかる．下丸子駅の東側の線路はその空き地あるいは畑の部分を斜めに横切っているが，この部分は土手の上を走っており，空き地あるいは畑の部分は下丸子駅付近や次の武蔵新田駅の土地より低いことがわかる．すなわち，下丸子駅から大きくカーブしながら南に向かう帯状の部分は周囲より少し低く連続する土地であり，その反対側の下丸子駅から西側に続く部分では水がたまった所に光明寺下の池ができていることがわかる．

写真 I-1-3　旧河道と隣接する河岸の土地との境界付近
旧河道上を湾曲して走る道路の部分と河岸に相当する塀のある土地とには高さの差があり，手前の道路はゆるい坂を下って旧河道上を走る細い道路と交わっている．（2019 年 5 月撮影．撮影地点は図 I-1-5 に示す．）

氾濫原ではこのようなある幅をもってカーブしながら帯状に連続する低い土地は，一般に旧河道であると考えられる．地形図をみるとすぐ近くにほぼ同じ幅の多摩川が描かれており，この土地は多摩川の旧河道の 1 つであると推察される．さらに 1909 年発行の 2 万分の 1 地形図（図 I-1-4）をみると，その様子はさらにはっきりしていて，光明寺下の池もまさに旧河道と思われる帯状の部分につながる場所にあり，新田神社のやや北西には「河原」という名称の集落まである．おそらく，さらに古い時代の絵図などがあれば，光明寺の池ばかりでなく，この旧河道部分に顕著な水路が残っていた様子が示されているであろう．

なお，実際に現地を歩いてみると，下丸子駅の南東側では写真 I-1-3 で示すように，旧河道を走る道路の部分とその河岸（攻撃斜面側）に相当する土地に高さの差を認めることができる．その結果，写真 I-1-3 では右側のやや高い土地から旧河道上の道路に合流する手前の道路がゆるい坂で下り，旧河道上を大きく湾曲して走る「止まれ」の文字のある道路と交わっている様子がわかる．

さらに，後述する地理院地図の陰影起伏図と下丸子付近の地図とを重ねてみた（図 I-1-5）．その結果，図には下丸子駅付近から大きく南に向けてカーブする旧河道部分の地形が明瞭に示されている．また，地形図では明瞭でなかった旧河道の両側の地形もわかり，旧河道の外側（攻撃斜面側）の崖が比較的はっきりしているのに対し，内側はなだらかな傾斜をもつ斜面になっていて，この旧河道の内側に囲まれた地形が第 III 章 2 節 4 項で述べるポイントバー的な地形であることもわかる．

以上のように，古い地形図や空中写真は過去のその土地の情報を提供してくれ，そのような情報と土地の特徴からその土地の成り立ちを知ることができることができる．そして，そのような過去の土地の様子は，その場所の土地条件を知る上での非常に有効な情報源となる．おそらく，この帯状に発達する旧河道の地下には，過去の多摩川が運んだ砂利が堆積していると考えられ，河道が放棄されたあとは湿地や沼地となって泥質の堆積物が堆積したことが推定される．

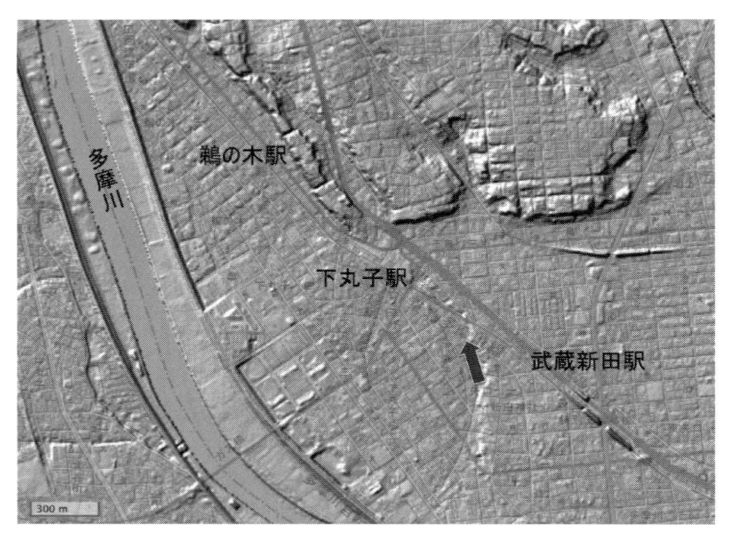

図 I-1-5　下丸子付近を示す陰影起伏図
矢印は写真 I-1-3 の撮影地点.

そこで，念のために東京都大田区の地盤資料閲覧システムで新田神社の北西に位置する地点の柱状図を確認してみた.

柱状図には，5.5 ～ 8.8 m に堆積しているシルト混じり砂層の上に，厚さ 1.8 m の明瞭な砂礫層が存在しており，さらにその上にはシルト混じり細砂，シルトが堆積している．また，表層の盛土の直下には過去の湿地状態を示す黒灰色の腐植土が 20 cm 程の厚さで堆積している．これらのことは上で推察したようにこの旧河道に川が流れていたときの河床堆積物である砂礫層と，その後河川が次第に放棄される過程で堆積した砂層やシルト層，そして完全に放棄されて湿地化した状態で堆積した腐植土が順にみられ，まさに推察したとおりの層序になっていて，地形の特徴から地下の様子を把握することができたのであった.

ただし，このような地層との関係については，この地点ではうまく説明できたが，さらに周囲のボーリング柱状図を確認してみると，旧河道と考えられる帯状の部分以外でも顕著な砂礫層が存在している所もあった．おそらく，この氾濫原には地形としては残っていない数多くの旧河道が存在していると思われ，ここで取り上げた旧河道以外の場所でも，以前の河床に堆積した礫層が広く存在している可能性がある.

I-2　大きく変化した久慈川河口付近の地形と土地利用

I-2-1　卒業研究で調査した久慈川

筆者は現在までまがりなりにも地形研究者として仕事をしてきたが，海津（2015）にも書いたように地形研究を始めたのは大学院の博士課程に入ってからであり，卒業論文や修士論文の時期における研究分野は水文学であった．その卒業論文の研究では，茨城県久慈川における塩水遡上の問題を扱い，河道内への海水の浸入や河岸の地下水への影響などを調査していた.

写真 I-2-1　久慈川河口付近の川面から見た砂州（1971 年 5 月撮影）

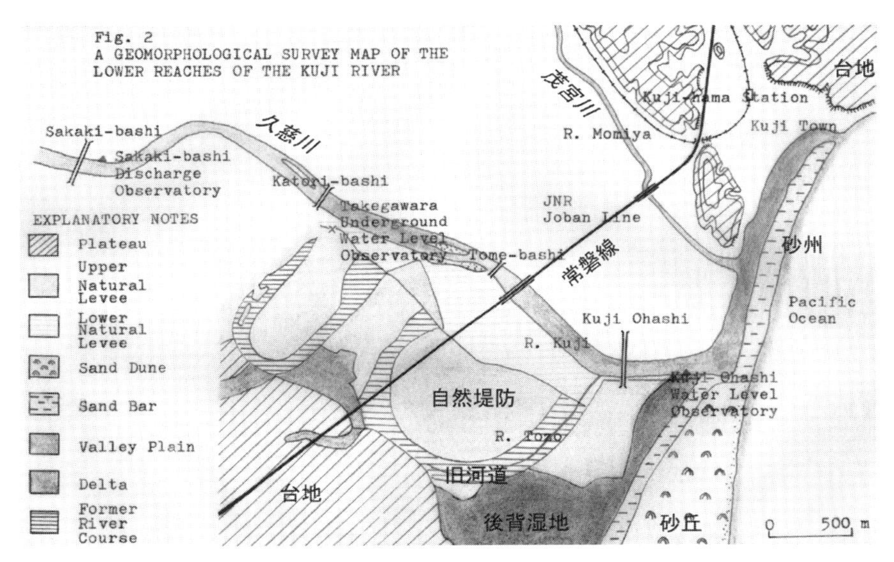

図 I-2-1　卒業論文で示した久慈川下流低地の地形分類図（Umitsu 1971 MS）

久慈川は茨城県と福島県との県境に位置する八溝山に源を発し，茨城県北部の大子町，常陸太田市などを流れて日立市久慈町付近で太平洋に注ぐ幹線流路長約 124 km の一級河川である．卒業研究の調査はこの久慈川最下流部の河道内の塩分濃度を縦断方向および横断方向に電気伝導度計を使ってさまざまな条件下で測定するとともに，河岸低地の井戸の水質と水位変化を測定するというものであった．当時の河岸低地の井戸は開放井戸にポンプを付けたものがほとんどで，蓋を開けると井戸水の水面がみえるので，満潮時と干潮時を中心に数十カ所の農家を自転車でまわり，地下水面までの深さを測定してまわった．また，河道内の塩分濃度については，河口付近で小舟を借りて竿で舟を操りながら河口から 1 km ごとの地点で満潮時及び干潮時を中心に深さごとの塩分濃度の値を測定した（Umitsu 1971 MS）．

筆者が調査をした頃の久慈川最下流部は極めてのどかで，低地の東側を流れる茂宮川の下流部に貯木場のプールがあるほかは，ほとんど昔ながらの田園地帯がひろがる場所で

図 I-2-2　久慈川下流低地を示す 1969 年撮影の空中写真（KT-69-2X の一部）

あった．また，久慈川の河口は上流側からの河道の延長部が直接太平洋に向けて開いているのではなく，砂州の発達によって海岸付近でほぼ直角に向きを変え，およそ 1.5 km ほど北に向けて流れたあと太平洋に注いでいた（写真 I-2-1）．

図 I-2-1 は筆者の卒業論文で示した調査地域付近の地形分類図で，久慈川の最下流部には南側に発達する砂丘からのびる砂州が，北に向けてのびている様子が示されている．台地にはさまれた久慈川低地の幅は 3 ～ 5 km 程度で，低地の右岸側には馬蹄形をなす顕著な旧河道が認められ，その周囲には顕著な自然堤防（ポイントバー）がひろがっていた．また，久慈川に沿った部分にも川沿いに自然堤防が発達しているが，その部分は一段低くなっていて，より新しい時期に形成されたものと考えられる．また，久慈川と支流の茂宮川との間にひろがる低地の部分もこの新しい時期の低地面に対応する氾濫原となっていて，卒論の地形分類図ではきちんと分類していないが，集落や島畑が立地する自然堤防や後背湿地，旧河道などが認められた．当時の様子を示す空中写真を図 I-2-2 に示す．

I-2-2　久慈川下流低地の地域変化

前節で久慈川下流低地の地形について簡単に述べたが，その後，海岸部の地形は大きく変化する．図 I-2-3 は筆者が調査をした 1970 年頃から 5 年ほど経った 1976 年発行の 2 万 5,000 分の 1 土地利用図である．ほぼ直角に曲がって北にのびていた河道に沿う砂州は途中で切られ，新しい河口は砂州の付け根に近い位置に開かれている．その先の以前の河道の部分はほぼ閉塞され，久慈川の河川水はほとんど流れてこない状態になってしまっている．

このような海岸付近の変化に対して，内陸側地域の変化はほとんどみられない．ただ，低地の北縁を流れる茂宮川の最下流部の 2 カ所には貯木場が作られ，土地利用図ではそ

図 I-2-3　1976 年発行の久慈川下流地域土地利用図（「常陸久慈」・「常陸太田」図幅）

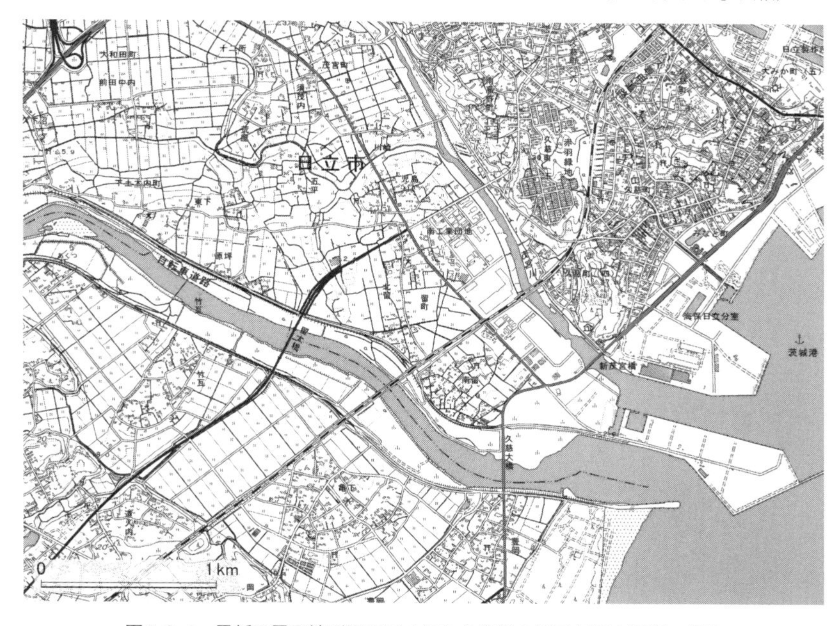

図 I-2-4　最新の電子地形図で示された久慈川の河口付近と河岸の低地

の周囲が運輸流通施設に区分されている．この貯木場のプールのうち，図 I-2-2 に示す 1969 年撮影の空中写真では南側のプールがすでに完成しているが，北側のそれはまだ造成中で，それらの周囲の運輸流通施設とされる土地もまだ工事中である．

その後，臨海地域は大きく変化する．図 I-2-4 は最新の電子地形図で示された久慈川下流地域である．一見してわかるとおり，久慈川はまっすぐに流れて太平洋に注いでおり，

写真 I-2-2　久慈川の河口から見た砂州の先端部（1971 年 7 月撮影）
砂州の右側が久慈川の河道で，左側は日立港の一部である．

写真 I-2-3　現地で撮影した茂宮川支流の写真（1971 年 11 月撮影）

茂宮川も直接海に注いでいる．砂州は完全に姿を消し，砂州や久慈川の河道があった場所には新たに埋立地が作られている．また，茂宮川の横にあった貯木場のプールやそのまわりの運輸流通施設は姿を消し，北側のプールの跡地には，工業団地とショッピングセンターが立地し，南側のそれには倉庫などが作られている．

一方，現在の茂宮川の川幅は久慈川の半分程に拡大し，以前の茂宮川とは見違えるような立派な河川として整備されている．筆者が調査していた頃の茂宮川は，アシなどが生える湿地のなかを 10 ～ 20 m 程度の川幅でかすかに流れていたという記憶があるのだが，現在はしっかりと護岸がなされ，それなりに流量のある河川という感じがする．

残念ながら，筆者が調査をしていた頃の茂宮川の写真を見つけることができなかったが，図 I-2-2 の空中写真の矢印で示す地点で撮影した茂宮川支流の写真が見つかった．正面の山のようにみえるのが低地の北東にひろがる台地の部分で，写真の左端手前には川崎集落の南端部が写っている．写真でみるとおりこの川の両岸は低湿地になっており，写真にはアシなどの生える湿地の状態が写っている．当時の茂宮川本流もこの写真の川とあまり変わらない状態だったことは図 I-2-2 の空中写真で示される当時の川の状態からもわかる．なお，1969 年時点の空中写真では矢印の地点で道路が断絶しているが，1971 年の筆者の調査時には道路がつながっており，まさにその場所で東に向けて撮影した写真が写真 I-2-3 である．

写真 I-2-4　久慈大橋から下流部左岸を見た景観（1971 年 12 月撮影）
遠方に久慈川と砂州がみえる．

写真 I-2-5　ストリートビューで見た久慈川下流部左岸の景観（2013 年 5 月）
遠景の砂州のあった場所にはクレーンが何本か立っている．

ところで近年，Google 社の提供する Google Earth や Google Map では，衛星画像や空中写真を利用して地上の状態を高精度に示すだけでなく，ストリートビューとして地上の景観を見せてくれる．写真 I-2-4 は，久慈川の最下流部にかかる久慈大橋から下流側に向けて 1971 年 12 月に撮影した写真である．下部に橋のトラスの影が写っていることからこの写真は橋の上から撮影したことがわかるが，そうであれば，この橋を通る道路に沿って撮影されたストリートビューで最近の景観をみることができると思い，ストリートビューで示されるほぼ同じ位置から見た景観を探してみた（写真 I-2-5）．両者を比較すると，写真 I-2-4 では，地平線の向こうにかすかに久慈川の河道と砂州がみえるのに対し，写真 I-2-5 では，それらに代わって埋立地で活動する多数のクレーンがみえる．また，40

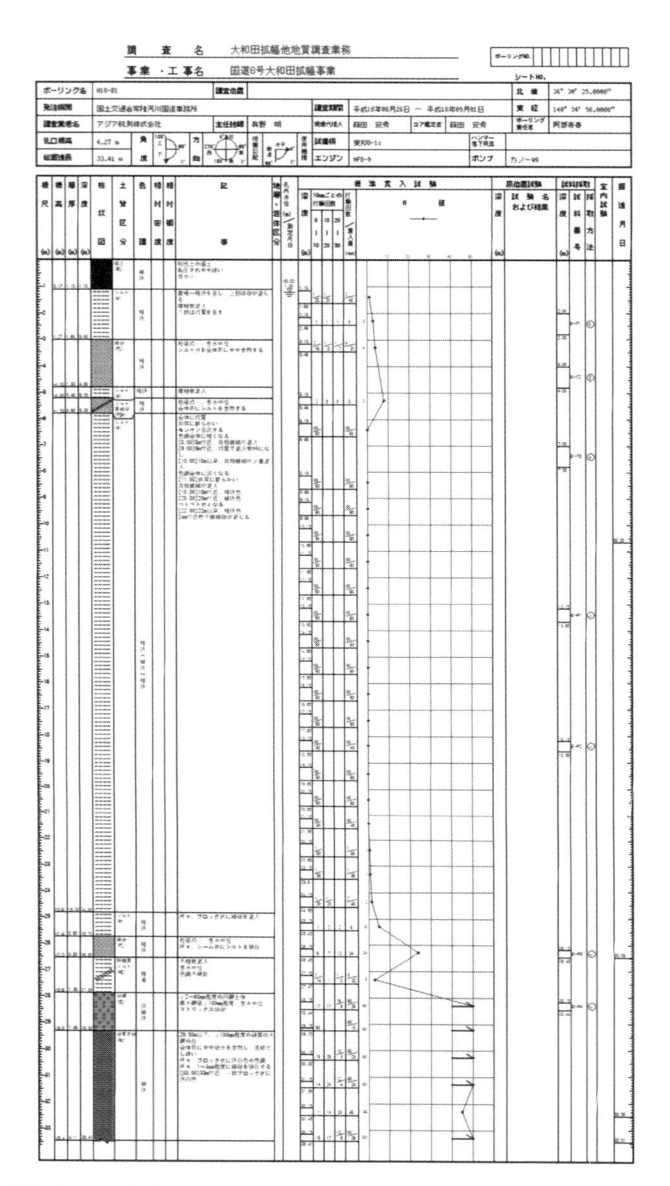

調　査　名　大和田拡幅他地質調査業務
事業・工事名　国道6号大和田拡幅事業

ボーリング名	H18-B1	調査位置		北緯	36° 30' 25.0000"
発注機関	国土交通省常陸河川国道事務所	調査期間	平成18年08月26日 ～ 平成18年09月01日	東経	140° 34' 56.0000"
調査業者名	アジア航測株式会社	主任技師	矢野　明	ボーリング責任者	阿部寿喜
孔口標高	4.27 m	試錐機	東邦D-1c	ハンマー落下用具	
総掘進長	33.41 m	エンジン	NFD-9	ポンプ	カノーV6

図 I-2-5　久慈川低地国道６号線日立南太田インターチェンジ付近のボーリング柱状図（Kunijiban による）
黒：盛土，白：シルト層，薄い灰色：砂層，濃い灰色：砂礫層，黒灰色：沖積層の基盤．

年前の河岸には植生が生い茂っていたが，2013 年に撮影されたストリートビューでは河原は整備された人工的な平坦地の状態になっていて，ほぼ同一地点からの撮影とは思えないほど 40 年間の景観が著しく変化していることを知ることができる．

ところで，先に述べたようにこの久慈川低地には，自然堤防や旧河道などの微地形が存在しているが，そのような地形は以前からずっと存在していたのだろうか．そのことを知るためには地下の様子を知る必要がある．もし，自然堤防や久慈川の以前の河道が地下に埋もれているのであれば，砂や礫からなる堆積物が存在するはずである．また，後背湿地のような水はけの悪い土地であれば，植物片を多く含む腐植土や泥炭層があるかもしれない．

これらのことから，やや内陸側になるが図 I-2-4 に示す地形図の最も内陸側にあたる国道 6 号線のインターチェンジ付近のボーリング柱状図を Kunijiban で確認してみた（図 I-2-5）．Kunijiban や柱状図の詳細については後述するが，この柱状図をみると，表層の 1 m 程の盛土の下に腐植物混入という記載のあるシルト層が 1.8 m ほど堆積し，その下位にやや薄い灰色で示されている 1.8 m 程の厚さの細砂，さらにその下位に数十 cm 程度の厚さのシルトとシルト質細砂が堆積している．下位のシルト層にも腐植物混入という記載があるので，これらの堆積物は氾濫原の堆積物であろうと推察される．ところが，それより下位の堆積物は 20 m もの厚さの非常に厚いシルト層となっていて，ほとんど層相変化がない．色は暗灰～緑灰～暗灰色となっていて，全体に均質で非常に軟らかく，一部はベトベト状であるという記述もある．さらに貝殻の微片が混入しているという記述もあり，上部の氾濫原堆積物とは全く異なった堆積物となっている．

筆者のこれまでの現地調査の経験から，多くの場合緑灰色の堆積物は海域の堆積物であると考えられ，貝殻片が混入していることから，この堆積物が湾や入り江の底に堆積した堆積物であると推察される．河川下流部の沖積低地地下の堆積物が入り江のような場所に堆積していたということはどういうことなのだろうか．考えられることはただ 1 つで，現在久慈川の氾濫原となっているこの付近は，以前は海（入り江）の底だったということであり，過去から現在に至る間に地形が大きく変化したと考えられるのである．なお，地表部の数mを除いてこの低地の地下には 20 m の厚さにも及ぶ「ベトベト」という表現がなされている軟弱な堆積物が厚く堆積していることもわかったが，このような軟弱な堆積物がなぜ堆積したのか，また，自然災害との関係はどうであるのかなどについては後述することにする．

なお，柱状図の下部の濃い灰色の部分は沖積層が堆積する以前の地層であり，その直上の礫層は沖積層の入れ物（堆積場）となる掘り込まれた谷の底に堆積した沖積層基底礫層か，谷が作られる途中で形成された谷壁の河岸段丘の礫層であると推察される．

I-3 過去の沖積低地を知る手掛かり

I-3-1 旧版地形図

地域の様子やその変化を知る上で，国土地理院が発行してきた地形図はきわめて有効な手段である．学校教育で地図記号を学んだ人も多いと思うが，地形図ではそのような地図記号によって場所の様子や特徴を把握することができ，記号に添えられた文字から鉄道の駅名や建造物の名称などの多くの情報を得ることができる．また，前節で述べたように時代の異なる地形図を比較することによって，ある場所の変化を読み取ることもできる．

さらに，地形図には等高線が描かれており，土地の高さや起伏を把握することができる．地形図では一般道や林道，登山道などさまざまな道幅の道路も区別して示されており，等高線によって尾根と谷を把握することができるので，たとえ電波の届かない場所でも地形図をしっかりと読むことによって自分の位置を知ることができる．以前は登山する際に必ず地形図を持参したものだが，近年スマートフォンなどの普及によって地形図を持たずに登山する人がいるといったことを聞く．登山をする人にはぜひ地形図をしっかりと利用できるようになって欲しいと思う．

地形図は明治時代以降，国土地理院やその前身の陸地測量部，陸軍参謀本部などが作成し，発行してきた．前節でも述べたように，地形図は過去のある時期の様子を知る手掛かりとしても非常に有効であり，地形図をみることでさまざまな情報を得ることができる．ただ，過去の空中写真や衛星画像などについてはネット上で比較的簡単にみることができるようになっているが，残念ながら国土地理院がWEB上で提供する過去の地形図は諸般の事情によって解像度の低いものしかみることができず，紙媒体の旧版地形図の利用はややハードルが高い．（WEB上での旧版地形図などの閲覧に関しては第I章3節4項で紹介する．）

過去の地形図に関しては，茨城県つくば市の国土地理院の本院と全国の地方測量部及び支所において閲覧することができる．また，手続きをすればコピーを入手することも可能であるので，必要に応じて国土地理院ホームページの「過去の地図（旧版地形図）」に関するWEBサイトを参照していただきたい．ただし，それ以外にも紙媒体の過去の地形図を閲覧したり手に入れたりする手段はある．明治期以降に刊行された正式2万分の1地形図や5万分の1地形図を集めて復刻した出版物（地図史料編纂会編2002など）や，ある地域の各地の時代ごとの地図を集めた出版物（貝塚・清水監編1996など）は，図書館などで所蔵していれば閲覧することができる．また，日本地図センターでは岐阜・つくば市・金沢・神戸・長崎・広島・旭川・さいたま市などの主要都市について明治から現代ま

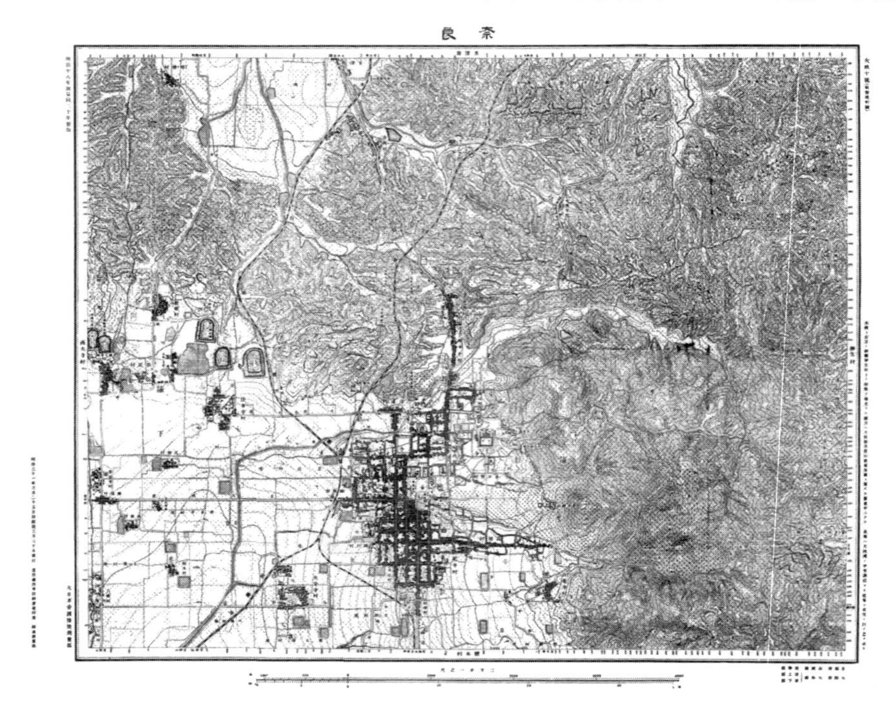

図I-3-1　1898年に大日本帝国陸地測量部が発行した2万分の1地形図「奈良」

での発展過程を示す各時代の地形図をセットにした都市変遷図として販売している．そのほか，大学の地理学教室などでも旧版地形図を所蔵しているところがあるので，必要な場所の地図が所蔵されていれば閲覧することが可能である．

I-3-2　空中写真

空中写真は国土地理院などが地形図を作成するなどの目的で，上空から専用の航空測量用カメラを用いてほぼ垂直方向に地表を撮影した写真で，わが国では国土地理院のほか林野庁，米軍，旧陸軍などによって撮影されたものがある．縮尺は8千分の1～5万分の1など各種あり，カラーや白黒で撮影されたものがある．また，国土地理院では平成19年度から，林野庁では平成21年度からデジタル航空カメラを用いた撮影も進めている（吉髙神・田村 2008）．

これらの空中写真は，地表の状態を視覚的に把握することができるという点で非常に有効で，同一地域について何回か撮影されているので，希望する時期の写真を選んだり，撮影時期の異なる空中写真を比較して地域の変化を知ることもできる．とくに，陸軍の撮影した空中写真では戦災にあう前の街の様子を知ることができ，戦後すぐに撮影された米軍の空中写真では戦災による被災状況や都市化する前の国土の様子を把握することができる点で有効である．

それらの写真を含むさまざまな時期，縮尺の空中写真は日本地図センターで販売されているほか，国土地理院のWEBサイトでの閲覧・ダウンロードも可能である．国土地理院の「地理院地図」では見たい地域にズームインしたあと「情報」ボタンをクリックし,「空中写真・衛星画像」を選択することで撮影時期別に空中写真を表示させることができる（図I-3-3）．また，より詳しい情報をふまえて空中写真を閲覧したり，ダウンロードしたい場合には国土地理院のホームページから「地図・空中写真閲覧サービス」の項目を選択し，

図 I-3-2　1943（昭和 18）年陸軍撮影による戦災焼失前の名古屋市中心部（B23-32 部分）

見たい地域に地図をズームインしてから撮影時期，縮尺，カラー・白黒の別などを指定して写真を選ぶことができる．選択した空中写真については図 I-3-4 のように撮影年月日，縮尺，撮影高度などのさまざまな情報も示され，ダウンロードボタンをクリックすることによって写真のデジタルデータをダウンロードすることもできる．

なお，林野庁の空中写真の入手に関しては，http://www.rinya.maff.go.jp/j/kokuyu_rinya/kutyu_syasin/ を参照して頂きたい．

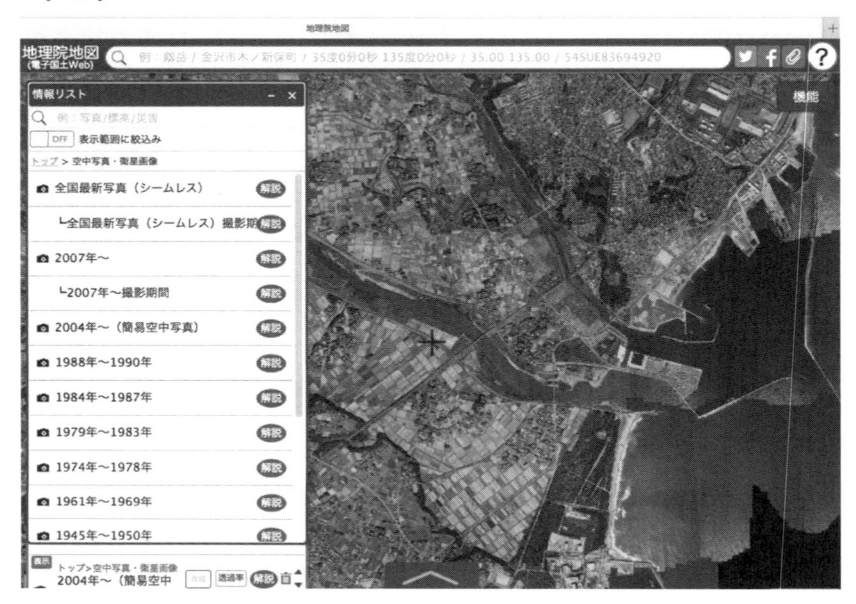

図 I-3-3　地理院地図による空中写真の表示

図 I-3-4　空中写真閲覧サービスによる空中写真とその撮影情報

I-3-3　衛星画像

最近は衛星画像が身近になっていて，印刷物やWEBサイトなどでもしばしば見かけるようになっているし，テレビ番組でも衛星画像で示される上空からの画像から地上の建物などにズームインするような画面をみることも多く，一般の人々にとっても見慣れたものになっている．このような衛星画像の特徴やその利用などに関しては，ほかの詳しい書籍などに譲るが，それほど専門的でなくても自分で画像を入手して地表の特徴を把握することができるので簡単に紹介してみたい．

地球のまわりには，多数の人工衛星が打ち上げられて飛んでいる．それらは通信，放送，気象観測，地球観測などさまざまな用途のもとに利用されているが，そのなかで地球観測衛星のデータは地球の資源や地表の状態などを把握するために重要な情報であり，一部のデータは一般にも公開されている．なかでも，アメリカ航空宇宙局（NASA）が打ち上げたLANDSATや日本の「だいち(ALOS)」などは我々にとっても比較的身近な人工衛星で，公開されているそれらのデータを無料で利用することが可能である．

地球表面の観測データのうち，地表の標高に関わるデータはNASAの打ち上げたスペースシャトルによるSRTMデータや，ALOSの全球数値地表モデル（DSM）などがある．前者は解像度90 mあるいは30 mの標高データであるが，とくに精度の高い地形図が十分整備されていなかったり，地形図の入手が困難であるような途上国において地形調査をおこなう場合に非常に有効であった．ただ，その解像度がやや粗いため，平野の微地形を検討するというような点では十分でないことも多かった．その後，日本によって打ち上げられた陸域観測技術衛星「だいち」（ALOS）は解像度が30 mと高く，地球上の北緯60度～南緯60度の範囲がカバーされているため，きわめて有効なデータである．なお，ALOSに関してはフリーで入手できるデータ以外にも，2 mあるいは4 mの解像度のDEMデータも入手することができるが，費用がかかる．

図I-3-5　ALOSの30 mDEMで表示した江ノ島・鎌倉付近

一方，地表観測のデータはさまざまな波長のデータごとの複数のバンドからなる．それらのバンドのデータを組み合わせてトゥルーカラーやフォールスカラーの画像を作成したり，植物の活性度を示すNDVI（正規化植生指数）や，地表の水分状態を示すNDWI（正規化水指数）などの指標を画像として表示したりすることができる．なかでも上に述べたLANDSATはシリーズとして長期間運用されていて，データの蓄積量も多いため，

図 I-3-6　Sentinel-2で表示したタイ・バンコクのチュラロンコン大学付近

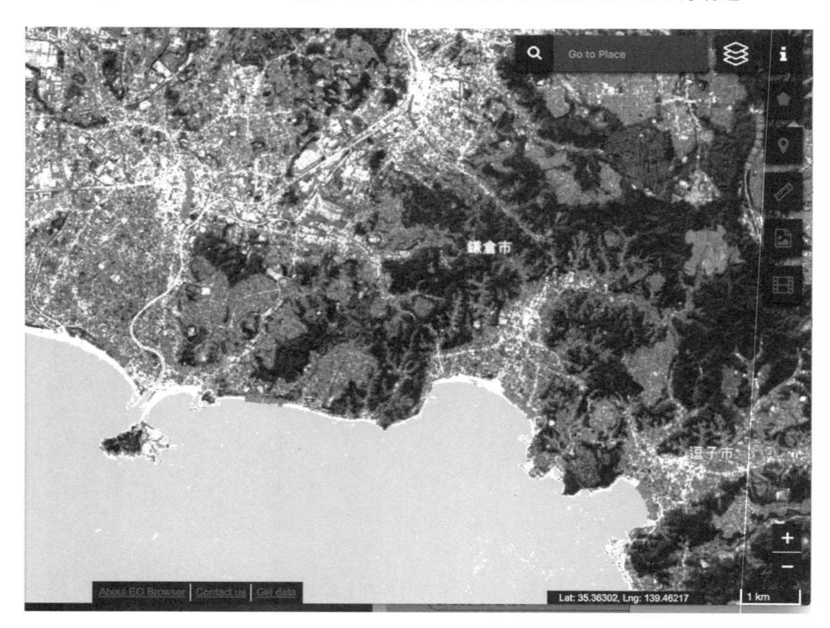

図 I-3-7　Sentinel-2のEO Browserで表示した2019年3月24日の鎌倉市付近のNDVI画像
元の画像は緑系の色で示されており，色の濃さはNDVIの値を反映している．

1970年代からの地域変化を知る上でも有効である．ただし，データの空間分解能は現在のLANDSAT8でも30 m（パンシャープだと15 m）であるため，土地被覆解析など地表面を詳しく見ようとする場合には少々物足りないことがある．

そのようなことから，筆者は最近欧州宇宙機関（ESA）が打ち上げたSentinel-2を利用することが多くなっている．こちらは空間分解能が10～20 m（一部60 m）であり，12のバンドのデータを無料で入手することができる．入手したデータは，各種のアプリケーションソフトを使って組み合わせ加工して画像化するが，筆者はQGISソフトを使用してバンド統合を行い，画像として利用することが多い．また，Sentinel-2のデータを表示させるEO Browserでは，選択した画像データによるNDVIやNDWIの画像を表示させることもできる．なお，LANDSATやALOS，Sentinel-2などのほかにもIKONOSやSPOTなどをはじめとしてさまざまな衛星データがあるが，多くは入手するにあたって相応の費用がかかる．

I-3-4　WEBサイトによるさまざまな情報

これまで述べたように，ある場所の地表の状態やその変化は地形図や空中写真，あるいは衛星画像で追うことができる．それらを入手するにはさまざまな手段・方法があるが，近年はWEB上で比較的容易に把握することができるようになってきた．なかでも国土地理院の地理院地図では土地条件図（数値地図25000）や治水地形分類図をはじめとするさまざまな主題図を閲覧することができるほか，過去の空中写真を見たり，現在の地形図に重ねたりすることができる．さらに地形の起伏を示す陰影起伏図などとそれらとを重ねることもでき，土地の様子を実感的に把握することができる．そのほか，鳥瞰図を作成したり，土地の高さごとに色分けをした段彩図を作成することや断面図を作成する機能なども付け加わって地理院地図はさらに進化しつつある．

また，地形図や空中写真についての詳しい情報を知りたい場合には，第I章3節2項で述べたように地図・空中写真閲覧サービスを利用してそれらの情報を把握したり，隣り合う2枚の空中写真を入手し，実体鏡などを使って地上の様子を立体的に把握することも可能である．

一方，Google EarthやBingなどの地図や衛星画像・空中写真をWEB上で閲覧できるサイトも数多くあり，スマートフォンでみることのできる地図でも空中写真や衛星画像に切り替えることのできるものが多い．とくに，Google EarthやGoogle Mapではストリートビューという機能があり，道路上から撮影された画像をパソコンやスマートフォンでみることができる．空中写真，衛星画像，ストリートビューなどは撮影された時期を選ぶこともでき，写真I-2-5のように現在の景観を見たり過去の地域の様子を把握したりするのに有効である．

ところで，地形陰影図は土地の起伏を把握する上で非常に実感的である．地形の陰影起伏図は国土地理院の提供する数値標高モデル（DEM）や人工衛星から得られる標高データなどを利用して作成することができる．国土地理院の提供する数値標高モデル（DEM）は国土地理院のホームページから基盤地図情報を選び，数値標高モデルを選択すると，全国の10 mあるいは5 mDEM（標高データ）を入手することができる．それらを利用し

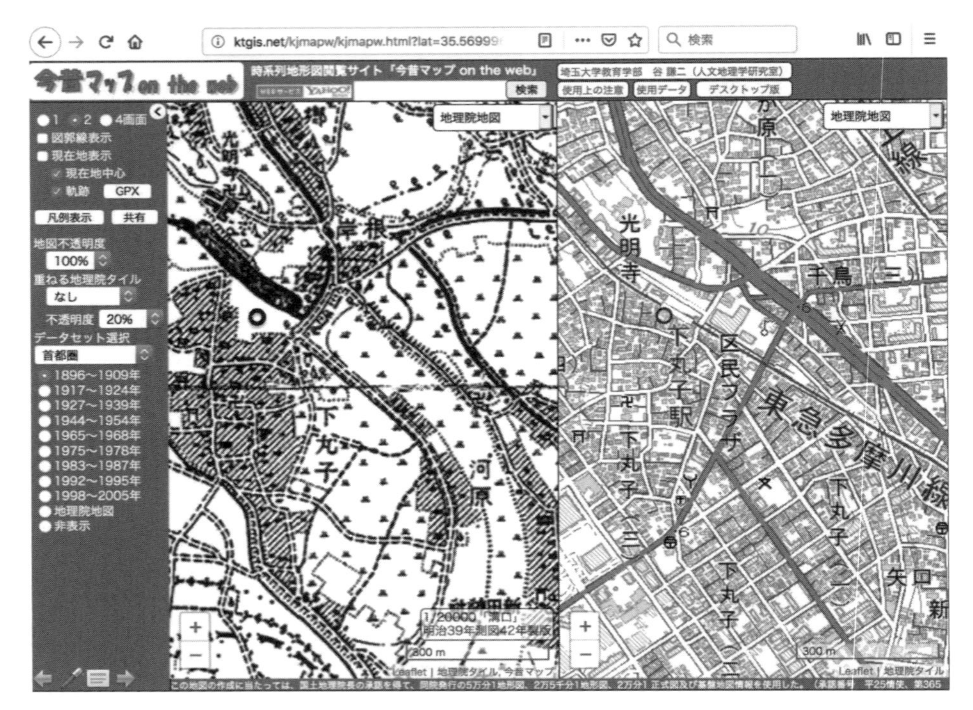

図 I-3-8　今昔マップで示した現在と明治期の下丸子付近

地図上の丸印は同一地点を示す.

てパソコンなどで処理すると国内の任意の場所について陰影起伏図や標高ごとに色分けした地図を作成することができる．ただ，地理院地図ではそのような手間をかけなくても「情報」ボタンから「起伏を示した地図」をプルダウンし，「陰影起伏図」をクリックすると，地表の起伏を示す陰影図が表示される．透過率を変更することもできるので，さまざまな地図に起伏の状態を重ねて示すこともできる．先に示した図 I-1-5 の陰影起伏図はそのようにして作成したものである．

一方，過去の地形図に関しては，いくつかの WEB サイトで閲覧することができる．なかでも，埼玉大学の谷謙二氏が開いている「今昔マップ on the web」はさまざまな時期の地形図を最近の地図と並べて表示できるもので，自分の知りたい場所の過去の様子を知る上で大いに役立つ．収録されている旧版地形図は 3,513 枚にのぼり，全国 33 地域について明治期以降の新旧の地形図を切り替えながら表示することができる．

たとえばこの今昔マップで，第 I 章 1 節で述べた下丸子付近の明治期と現在の比較をしてみると，光明寺下の池は明治期には現在よりかなり細長くのびており，その東端は下丸子駅の北側までのびていたことなどもわかる（図 I-3-8）．

このほか，農業環境技術研究所による歴史的農業環境閲覧システム（図 I-3-9）でも，関東地方のみではあるが，明治年間の迅速測図および東京五千分の一地図と電子国土基本図，土地利用図などをシームレスに重ねたり並べたりして表示することができ，明治期と現在との比較をすることができ，非常に有効である．

一方，沖積低地の地下の地質を知るにあたっては，ボーリング柱状図の検討が有効な手

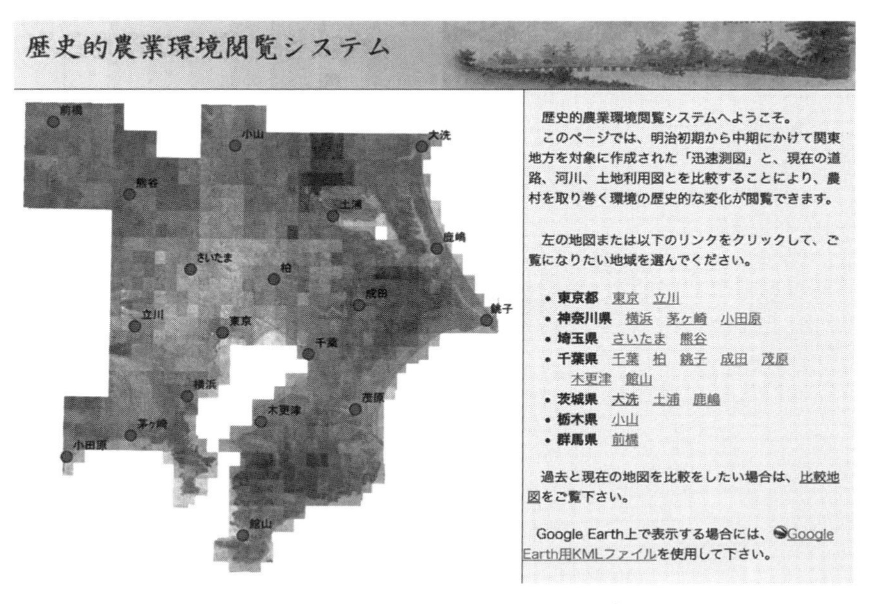

図 I-3-9　歴史的農業環境閲覧システムのトップ画面

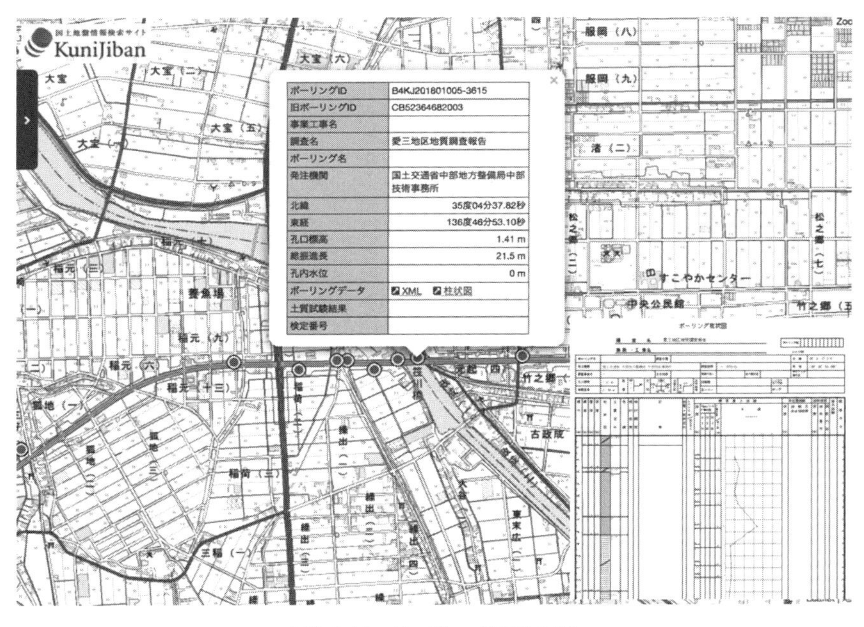

図 I-3-10　Kunijiban 地盤表示例
柱状図は別画面で表示されるが，この図では一部を縮小して同一画面内に表示している．

段であるが，国土交通省，国立研究開発法人土木研究所および国立研究開発法人港湾空港技術研究所が共同で運営し，土木研究所が管理している Kunijiban のサイトでは，全国のボーリングデータを閲覧することができる．また，地方公共団体でもボーリングデータを WEB 上で公開している所も多く，第 I 章 1 節で扱った大田区地盤資料閲覧システムもその 1 つである．

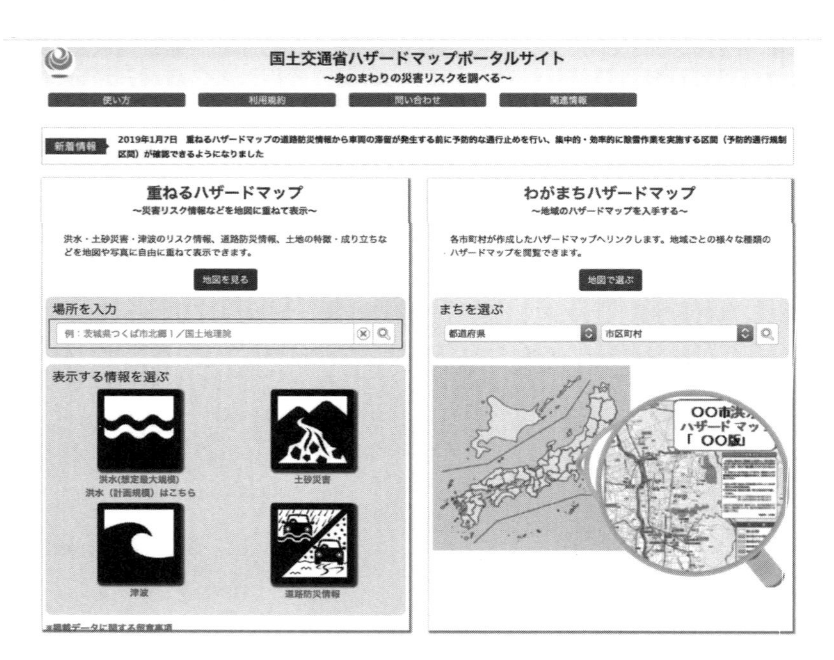

図 I-3-11　ハザードマップポータルサイトのトップページ

そのほかにも，さまざまな情報を提供するWEBサイトは多数あり，ハザードマップを閲覧することのできる国土交通省のハザードマップポータルサイトなどもある．

II　沖積低地を理解する

II-1　沖積平野・海岸平野・谷底平野などからなる沖積低地

II-1-1　平野にかかわる地形用語

我々が土地の様子を説明する際には，山地・山脈や平野・盆地などという簡単な地形用語を用いて説明することが多い．これらの言葉は多くの人々が共通してもつ土地のイメージに対応しており，それぞれの語が示されるとその土地の様子を比較的容易に，またほぼ間違いなくイメージすることができる．ただ，それらの土地についてもう少し詳しく説明しようとすると，より詳しい言葉を使う必要が出てくる．その場合，学術用語については定義をきちんと示し，用語の意味を明確にして示すことになるが，すでに慣用的に使われている言葉が存在する場合にはその語の意味を整理したり，再定義したりすることが必要になる．

「平野」という語もそのような整理が必要な用語である．わが国の学校教育においては「平野」が付く用語として「沖積平野」と「海岸平野」が教えられている．このうち，「沖積平野」については多くの場合，その中央に河川が描かれているような模式図が示されていて，河川が上流から運んできた土砂が堆積して作られた平野であるということが説明されている．一方,「海岸平野」は海に面して形成されており,その成因の点から海の作用によって土砂が堆積して形成された平野であると説明される．

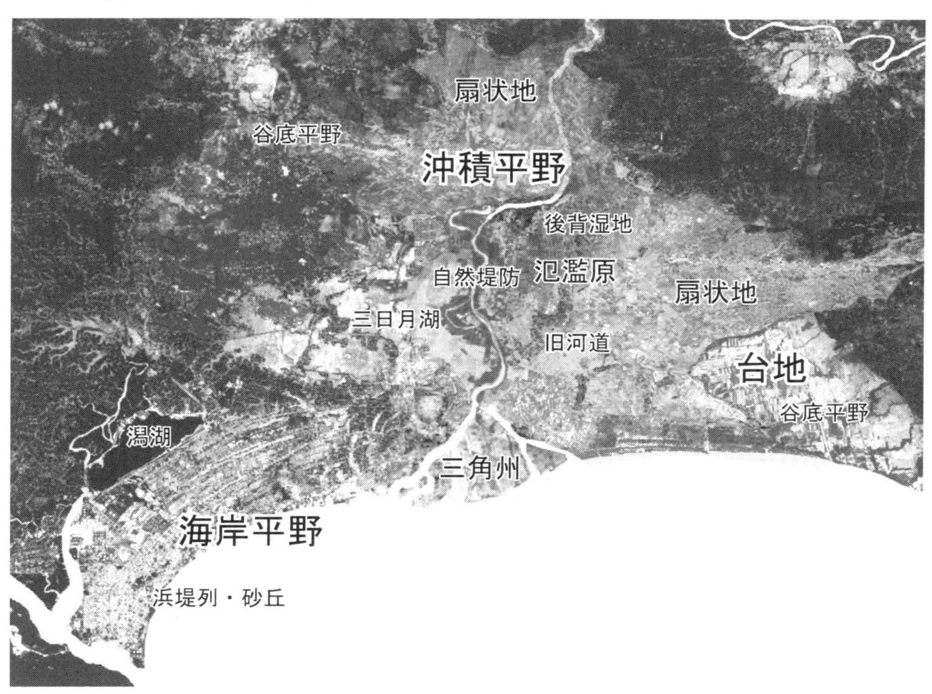

図 II-1-1　さまざまな地形によって構成される平野
Sentinel-2 の画像を組み合わせて作成した地形イメージ.

これらの「平野」の語は本来的には相対的に海抜高度が低く，起伏が小さい低平なひろがりのある土地を指していて，主として河川の運んできた土砂が堆積して形成された平野を「沖積平野」とよび，海に面して発達し，奥行きに比べて間口の広い海の作用によって形成された平野を「海岸平野」とよぶことは多くの人達にとって，無理なく理解できるように思われる．また，わが国では「沖積平野」と「海岸平野」とを分けて考えることが多く，「沖積平野」の地形はさらに「扇状地」，「氾濫原」，「三角州」からなるとされることが多い．

しかしながら，実際の地形にはそのような典型的な「沖積平野」ばかりでなく，「扇状地」，「氾濫原」，「三角州」のどれかを欠いていたりするものや，「沖積平野」と「海岸平野」の中間的な平野もある．また，「沖積平野」と「海岸平野」が連続的に発達していてその境界がはっきりしない例もあって「沖積平野」と「海岸平野」とを厳密に分けることが困難な場合も存在する．

一方，欧米では，地形をその地形を作った働き（営力）によって説明することが多い．自然地理学や地形学，あるいは堆積学の教科書では，河川の作る河成地形として扇状地，氾濫原，三角州を扱っている例が多いが（Strahler 1960, Huddart and Sttot 2010 など），三角州は海や湖に面して発達する地形でそれらの営力と河川の営力が相互に関連して作られる地形であるので，三角州を別個に扱っていたり（Reineck and Singh 1975 など），三角州を海岸環境の項で扱っている例（Leeder 1982 など）もある．また，海岸地形の書籍において三角州が詳しく扱われる例もある（Woodroffe 2002，Bird 2008）．

また，海岸に発達する海岸平野にはさまざまな地形を含む大地形としての海岸平野を指す場合と，海岸域の堆積地形である海岸平野を指す場合とがあり，自然地理学の教科書として古くから定評のあった Strahler（1960）では，構造平野としての性格をもつ大規模な海岸平野（帯状海岸平野を含む）と，海の営力とのかかわりが明瞭な新しい海岸平野とを区別して記述している．また，Bloom（1978）はバリアーや潟湖が特徴的な新しい堆積物によって構成される海岸平野を，とくに低海岸（low coast）とよんで広い意味の海岸平野と区別している．

また，鈴木（1998）は学術的見地から低地の地形区分とその名称を再検討し，それをふまえた形で『地形の辞典』（日本地形学連合編 2017）が刊行されている．鈴木（1998）は低地を堆積低地と侵食低地とに分け，堆積低地として河成堆積低地，海成堆積低地，風成堆積低地の成因別堆積低地を区分し，それらに加えて土石流堆積地形や沖積錐などを集団移動成定着低地としている．

このように，地形は地形を作る営力と深く関わっており，そのことをまず基本として大区分を行い，それによって分けられた地形についてさらに細かく区分していくという体系的（系統的）あるいは階層的な地形区分をすることが必要であろう．そのような観点から沖積低地の地形について考えると，まずは主として河川の作用によって作られる地形（河成地形）と主として海（湖）の作用によって作られる地形（海成地形・湖成地形）という大区分のもとに，沖積平野と海岸平野（湖成平野）が区別される．また，営力という点からすると河川と海（湖）の相互作用によって作られる三角州はそれらとは独立したものとして扱う方がわかりやすいかもしれない．

また，沖積平野についてみると主として砂礫によって構成される地形と砂泥によって構成される地形とでは，地形形成における河川の作用が異なると考えられ，この2つを沖積平野の下位区分として分類・整理し，それぞれにおける地形をさらに微地形として区分するというのが自然な考え方になると思う．その意味で，欧米の教科書で示されているように，河川営力によって主として砂礫質堆積物からなるalluvial fan（扇状地），砂泥質堆積物からなるfloodplain（氾濫原），川と海の相互作用によるdelta（三角州），海の営力によるcoastal plain（海岸平野）という区分は理にかなっており，このことを基本として平野地形を理解することが良いと考える．

ただ，三角州は川と海との相互作用によって形成されるが，その堆積物は基本的に河川によって供給されるため，扇状地，氾濫原に三角州を加えた地形を主として河川の運搬した堆積物による地形として一括することもできる．また，その意味で新しい堆積物による平野を主として河川の運搬した堆積物による沖積平野と主として海の作用によって堆積した堆積物による海岸平野とに大きく分けるということも意味があろう．

なお，沖積平野は現在の時点では河川の作用によって土砂が堆積する場所であるが，過去に遡るとその場所が入り江や湾の奥にあたっていて，当時は海や湖の環境であったという場所も存在する．学校教育において，沖積平野は河川が土砂を堆積して形成された平野であると説明されるが，講義の際に土砂が堆積する前はどのような状態だったのだろうかという疑問を学生達にぶつけると，多くの学生は海や湖だったと答える．それでは「土砂が堆積して平野の形成が始まる前は山と海だけしかなかったのだったのだろうか」とさらに問いかけると，彼らは困ってしまう．実際には，その時点で第四紀末期の環境変動にともなう海水準変動などを考慮しないと説明がつかないのだが，そのことに思い至らない場合には思考の限界に達してしまう．このことについては第II章4節で触れることにする．

II-1-2 沖積低地と沖積層

海津（1994）でも述べたように，わが国における「沖積」の語には河川の堆積作用によるという意味だけでなく，時代的な意味が含まれ，現在は時代区分として使われない「沖積世」と「洪積世」に由来する「沖積平野」・「洪積台地」の語が長らく使われてきた．その結果，日本では「沖積平野」が「沖積世」という新しい時代に形成された堆積平野という意味をもって使われてきた．この「沖積世」は沖積平野を構成する沖積層の堆積が始まった更新世末期の寒冷な最大海面低下期以降の時期に相当するのだが，現在の地質時代区分では「沖積世」の語は使われず，沖積層の堆積時期は第四紀更新世の最末期とそれに続く完新世の時期にまたがっているため，ややわかりにくい．

一方で，沖積平野や海岸平野の地形・地質を考える上で，「沖積」の語に時代的な意味を持たせていることはそれなりに意味がある．第II章4節で述べるように，沖積平野や海岸平野を構成する堆積物は，第四紀末期の地球規模の環境変動と深く関わっており，共通して約2万年前の最終氷期最大海面低下期以降に堆積した堆積物として扱うことができる．また，この沖積層の基底は，最終氷期の最大海面低下期に形成された谷地形の基底にほぼ相当しており，その下の相対的に固い更新世の堆積物（更新統）との間に不整合が存在している．不整合の上の地層である沖積層はより古い更新世の堆積物に比べて一般に軟らかく，とくにその中部や上部は臨海平野では軟弱な海成堆積物（海底に堆積した堆積物）によって構成され，軟弱地盤を形成する．

このように，沖積平野の海に近い地域や三角州の地域は，海岸平野と共に第四紀末期の地球規模の環境変動を反映した海水準変動の影響を強く受けて発達し，その地下に存在する堆積物は第四紀更新世末期の最大海面低下期以降に堆積した沖積層によって構成されるという共通点をもっている．そのため，河川下流部に発達する沖積平野と，新しい時代に形成された海岸平野とは，その地形・地質の特徴や形成過程の点から共通して考えなければならない部分も多い．また，そのような共通性は自然災害に関わる問題としても共通的に見られることがらでもある．

以上のような点から，海津（1994）では，「河川下流部および海岸付近に河川や海の作用によって最終氷期最大海面低下期以降の時期に形成された平野（低地）を沖積低地とよび，そのうち主として河川の堆積作用によって作られた平野を沖積平野，主として海の作用のもとに作られた平野を海岸平野」とよぶとしたが，本書においてもこの考えを踏襲し，両者を一括して扱う場合には「沖積低地」の語を用いることにする．

II-2　沖積低地はどのような所か

II-2-1　多くの人が生活する沖積低地

わが国の人口の多くは平野とその周辺に集中している．国土地理院（1984）によると，わが国の国土面積のうち山麓および火山地を含む山地と丘陵の占める面積はそれぞれ64%，11% であり，それに対して台地，低地の占める面積はそれぞれ 12%，13% と国土の約 25% を占めるにすぎない．また，山地の多くは急峻でその多くが森林に覆われていて，わが国では国土の 4 分の 1 程度の面積しかない平野に人々の多くが集中して生活している．

これに対して，南北アメリカやヨーロッパ，オセアニア，アフリカなどの多くの地域では山地・丘陵や高原状の台地が比較的広い面積を占め，それらの地域では伝統的に畑作や牧畜などが行われてきた．そのため，低湿な沖積平野や海岸低地は居住や生産活動の場として積極的に選ばれてこなかった．そのことは，国土面積に占める可住地の割合（%）にも現れており，日本が 27.3 と極めて低い値となっているのに対して，ヨーロッパ諸国ではイギリスが 84.6，フランスが 72.5，ドイツが 66.7 という高い値を示すことからも明らかである．（地球地図データより国土地理院が作成した国土交通省の資料による．http://www.mlit.go.jp/common/000997376.pdf#search）．

一方，東アジア，東南アジア，南アジアなどでは伝統的に稲作が盛んであり，沖積平野や海岸平野（海岸の沖積低地）に多くの人々が居住して活発な生産活動が行われてきた．これらの地域では氾濫原や三角州に人口集積が進み，町や村が形成され発展してきた．とくに，メコンデルタやチャオプラヤデルタ，ガンジスデルタなどの大河川下流部にひろがる三角州は，顕著な稲作地帯として知られ，多くの人口が集中している．

II-2-2　三大都市圏における沖積低地の地域変化

わが国では東京や名古屋，大阪などの大都市の多くが台地や沖積低地からなる平野に立地している．1960 年代頃からはこれらの周辺の丘陵地でも宅地化が進み，住宅団地が作られたり，戸建て住宅が展開したりするようになったが，それ以前の古くからの人々の生活の場の多くは平野部の台地や沖積低地に展開していた．

図 II-2-1 は東京周辺地域の地形を陰影で示した図で，赤羽－上野－東京－品川を結ぶ線の東側には，東京湾に面して発達する東京低地とよばれる沖積低地があり，この東京低地の西側には暗色で示される武蔵野台地が，東側には同じく暗色で示される下総台地が分布している．また，北には大宮台地の南部が，さらに南西には起伏のある暗色の部分として多摩丘陵が見られる．

これらのうち，武蔵野台地の東部は江戸時代には城下町の武家屋敷などが展開する一方，背後の内陸地域には畑や雑木林とともに集落が分布する景観がひろがっていた．これに対して東京低地西南部には下町の町並みがひろが

写真 II-2-1　東京都北区王子付近の武蔵野台地北東端の崖
（2019 年 2 月撮影）
写真左側には東京低地がひろがり，正面のビルの間には東京低地にそびえる東京スカイツリーがかすかにみえる．

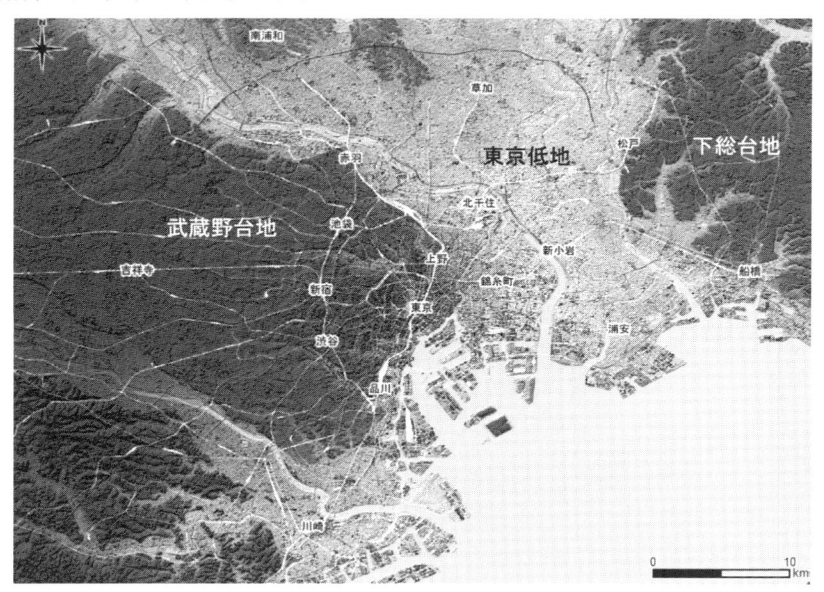

図 II-2-1　ALOS-DEM データによる東京都区部および周辺地域の地形陰影図（ALOS DEM を用いて QGIS で作成）
この図ではビルなどの地表地物の高さも反映されているので，東京駅の東側の地域や埋立地などは低地であるにもかかわらず，やや暗色に表現されている．

図 II-2-2　1911 年発行の 2 万分の 1 地形図に示された錦糸町から新小岩にかけての地域

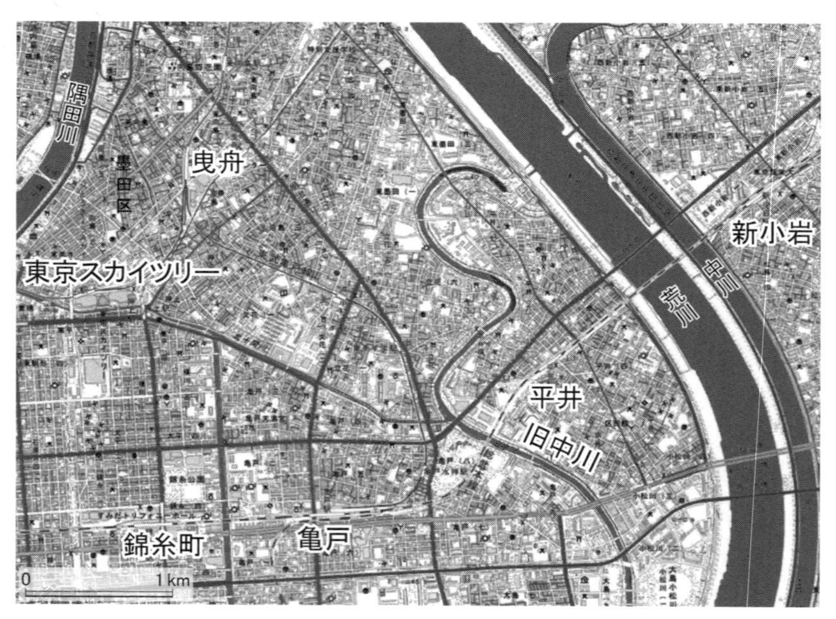

図 II-2-3　最新の電子地形図に示された錦糸町から新小岩にかけての地域

り，庶民の生活が展開して経済活動が活発に行われてきた．江戸時代から戦前における東京低地では，現在の台東区や墨田区，荒川区，江東区などに下町の町並みがひろがる一方，それらの東側や北側の地域には水田のひろがる伝統的な農村地域が展開していた．

図 II-2-2 は，明治時代末期の東京低地を示す 2 万分の 1 地形図に示された錦糸町から新小岩にかけての地域で，図の下部を走る総武線の南西部に位置する引き込み線のある駅が本所駅（現在の錦糸町駅），南部中央の東武線が枝分かれする駅が亀戸駅，大きく蛇行

写真 II-2-2　東京都北区の北とぴあからみた東京低地の景観（2019 年 5 月撮影）

写真 II-2-3　建物が建ち並ぶ東京都北区王子付近における武蔵野台地と東京低地の境界付近（2008 年 9 月撮影）

する中川の東に平井駅が位置する．下町の市街地の東側の地域には水田がひろがり，中川が大きく蛇行している様子が示されている．現在はこの地域に荒川放水路として河道が開削された荒川が流れ，荒川によって分断された中川は荒川の左岸側に並行して流れる形となっている．もちろん，付近一帯には水田は見られず，大部分が住宅密集地となっている（図 II-2-3）．

戦後は，現在の武蔵野台地東部を環状に走る山手線沿いに新宿，渋谷，池袋などでビル群が立ち並ぶ活気のある経済地域が発展し，その周辺や背後に住宅地や商業地が連続して分布する一方，東京低地にも北千住，錦糸町，新小岩，浦安などの商業地区などが発達し，数多くのマンションなども立ち並んで活気のある景観が見られるようになっている．そのため，台地と低地との境界付近も建物で埋め尽くされ，地図でみる限り地形の違いがわかりにくくなっている（写真 II-2-3）．

首都圏と同じく，多くの人口が集中する近畿圏や中京圏でも古くからの人々の活動の場

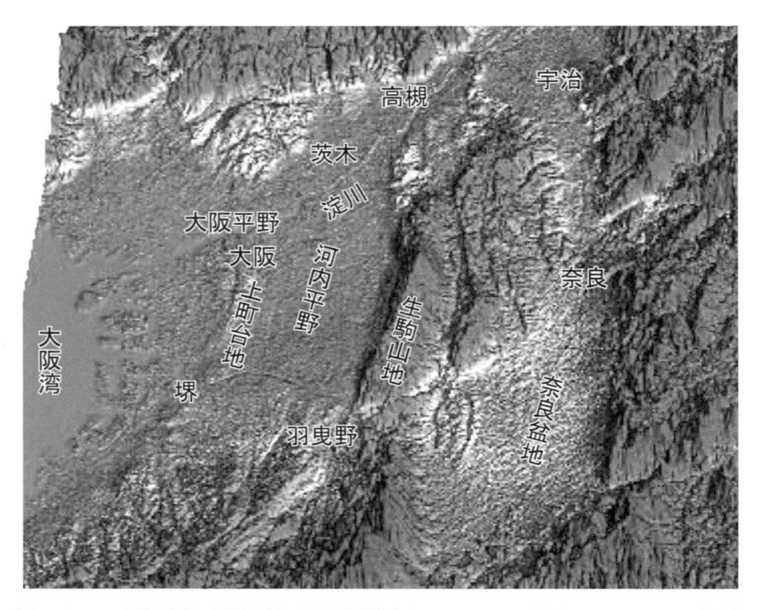

図 II-2-4　大阪平野と周辺地域の地形鳥瞰図（SRTM-DEM を用いて GRASS で作成）

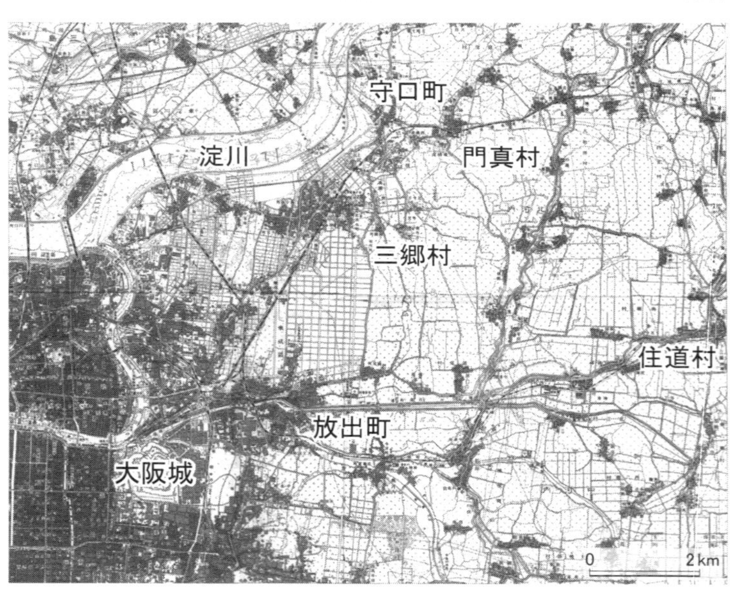

図 II-2-5　1934 年発行の 2 万 5,000 分の 1 地形図「大阪東北部」で示される上町台地北端の大阪城とその西側にひろがる市街地および東側の水田のひろがる沖積低地

の中心は平野にあった．近畿圏の中核をなす大阪とその周辺地域では，台地が平野の北と南に広く分布する一方，大阪城や通天閣が立地する部分には南北に細長く延びる上町台地が発達している．この上町台地は，淀川の南側の地域を大阪湾に面する淀川の三角州や海岸平野と，東の生駒山地とにはさまれた河内平野の地域とを分けている（図 II-2-4）．

なお，河内平野の地域は縄文海進の高頂期にあたる縄文時代前期頃には，大阪湾が入り込む入り江になっており，その後，弥生時代には潟湖化して河内潟とよばれる水域が一部

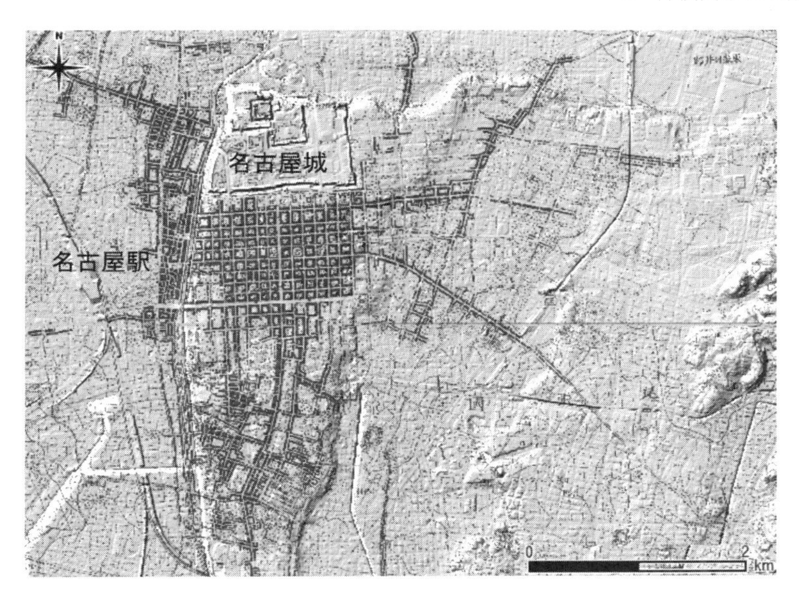

図 II-2-6　地形陰影図上に示した 1887 年発行の地形図による名古屋の市街地
地形図は 1887 年名古屋鎮臺参謀部発行の 2 万分の 1 地形図「名古屋区」の一部．地形陰影図は基盤地図情報の 5 mDEM にもとづくため，明治以降の鉄道や道路の盛土・切り土なども表現されている．

図 II-2-7 名古屋の市街地の西側にひろがる沖積低地の農村景観
1898 年発行の正式 2 万分の 1 地形図による．

に残る低湿な平野へと変化していた（梶山・市原 1972, 1986）．明治時代にはこの河内平野の地域には一面の水田がひろがっていて（図 II-2-5），1960 年代前半頃までは市街地が発達する地域は主として平野西部に限られていた．その後，この河内平野の地域でも都市化が急速に進行し，現在は，ビルや住宅，工場などが一面にひろがる地域となっている．

一方，濃尾平野では熱田台地が平野の南東部に位置し，その北西端には名古屋城が立地している．明治時代中頃までの市街地は，名古屋城の南側にひろがるとともに，名古屋城や当時の市街地に隣接した熱田台地西側の沖積低地にも町並みがみられたが，それらの周囲の沖積低地や熱田台地の東部には，水田や畑の分布する農村的景観が広くひろがっていた．その後，市街地のひろがりは熱田台地の部分のみならず，西側の沖積低地にも拡大し，1960 年代以降は名古屋市西部の中川区，港区やさらにその西側の地域でも都市化が進み，東側の東山丘陵の地域でも宅地造成が進んだ．とくに，西側の沖積低地の地域は都市化が進行する以前には，明治時代の地形図（図 I1-2-7）に示されるように，長い間水田や畑のひろがる農村地帯としての景観がひろがっていた．

以上，東京，大阪，名古屋とその近郊の地域変化を概観したが，これらの地域の沖積低地における都市化はとくに 1960 年代以降顕著に進行している．ただ，農業生産活動という点をも考えると，明治期には沖積低地の大部分には水田がひろがっており，沖積低地は市街地化する以前においてすでに稲作という点から重要な役割を果たしていたことが明らかである．

II-3　沖積低地の形成される場

II-3-1　沖積低地と地殻変動

日本の多くの平野は台地と沖積低地とからなる．関東平野では台地が広く分布し，利根川や荒川，多摩川などがそれらの台地を分けるように流れて川沿いに沖積低地を発達させている（図 II-3-1）．これに対して濃尾平野では，名古屋の市街地をのせる熱田台地は平野の南東部に存在し，小牧台地や各務原台地などのそのほかの台地も平野の東部や北東部に分布していて，平野の西部には台地がほとんど発達していない．また，大阪平野では平野北部の高槻から宝塚方面に延びる有馬－高槻断層帯の南側の地域や，平野南部の堺から羽曳野市付近にかけての地域に台地が広く分布するが，平野の中央部には南北に上町台地が細長く延びるほかは顕著な台地は発達していない．さらに，越後平野では平野のほとんど全域が沖積低地からなり，台地は平野東部や平野南部などに小規模に分布するのみである．

このように台地と沖積低地の分布状態は平野によって異なっているが，これはそれぞれの平野が発達している場所の地殻変動の様相を反映している．一般に，地盤が沈降する傾向をもつ平野では，土地の沈降が継続してその上に新しい堆積物が次々と堆積する．その結果，台地となるべき堆積物やそれらが作る地形は埋没し，新しい堆積物からなる沖積面が広く分布する．越後平野や石狩平野がその代表的な平野であり，それらの平野では台地は平野の縁辺に小規模に発達するのみである（図 II-3-2）．

これに対して，隆起傾向がある地域では河川は台地を刻んで流れ，台地は新しい堆積物によって埋積されずに相対的に広く分布する．台地が相対的に広く分布する平野としては，東北地方の三本木原台地や遠州灘に向けて発達する牧ノ原台地・磐田原台地・三方原台地などの平野などがある．また第四紀全体としてみると，関東造盆地運動による沈降域となっている関東平野も周辺の山地からの土砂が堆積して形成された扇状地や，最終間氷期以降に浅い海底が離水して形成された武蔵野台地や下総台地などが広く分布している．新しい

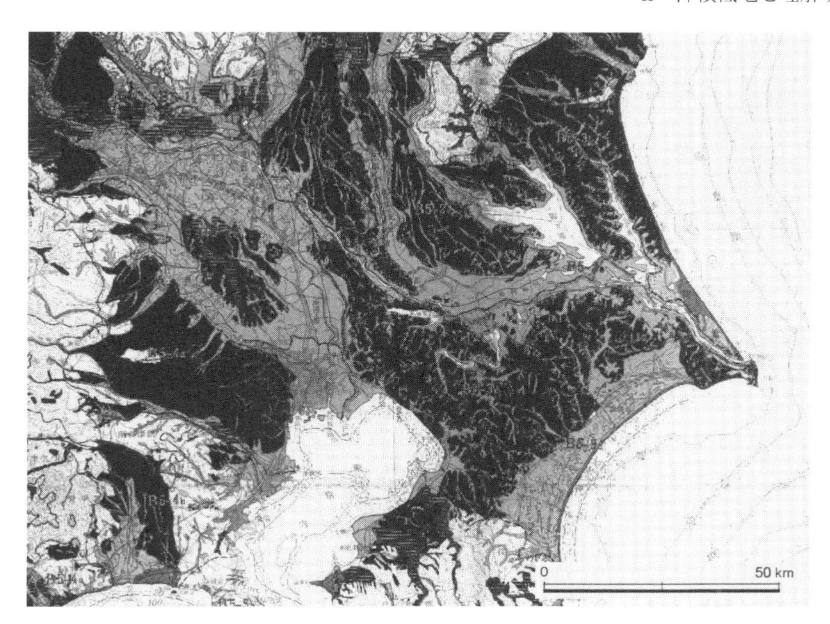

図 II-3-1　関東平野の台地の分布（50 万分の 1 土地分類基本調査地形分類図にもとづく）
図中の黒色の部分が台地．灰色の部分が沖積低地．

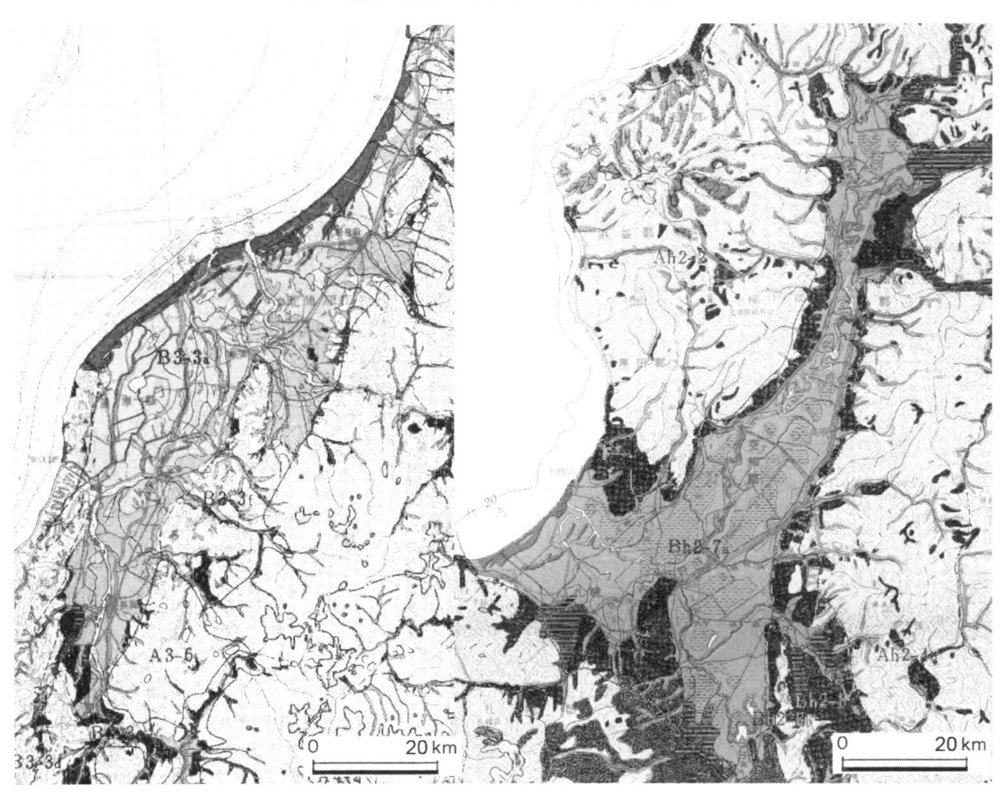

図 II-3-2　越後平野と石狩平野の台地の分布（50 万分の 1 土地分類基本調査地形分類図にもとづく）
図中の黒色の部分が台地．越後平野の濃い灰色の部分は砂丘．

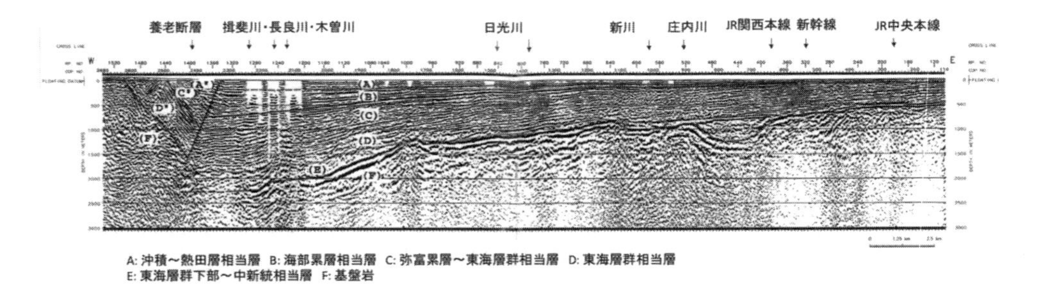

図 II-3-3　濃尾平野の傾動沈降を示す東西方向Ｐ波反射法地震探査記録断面（愛知県 2002）
西部の養老断層を境に平野部の地層が西ほど沈んでいることが示されている．

堆積物からなる沖積低地のほとんどは利根川や鬼怒川・荒川などに沿って分布するほか，江戸時代以前の利根川流路である中川や江戸川などの河川が流れていた中川低地・東京低地などに分布している（遠藤ほか 1983）．

一方，濃尾平野では熱田台地，小牧台地，各務原台地などの台地の分布は主として平野の東部に限られ，平野西部には小規模な台地が断片的に見られるのみである．このような濃尾平野の東と西の違いをさらに広域的にみると，名古屋の市街地をのせる熱田台地の東には尾張丘陵が分布し，さらに東に目を向けると三河高原，木曽山脈，赤石山脈などが分布していて，全体的に東が高く西に低くなる地形をみることができる．

濃尾平野から木曽山脈にかけての地殻変動について論じた桑原（1968）は，濃尾平野から現在の東濃・木曽山地の投影地形断面図を描いてみると全体として西に低く，東に高くなっていることを指摘し，濃尾平野から木曽山地に至る幅約 150 km の地域が大地塊をなして一様に傾く傾動運動をしていると指摘し，その傾動運動を中部傾動地塊運動とよんだ．このような傾動運動はさらに詳しくみるといくつかのブロックの運動として把握され，とくに西部では濃尾平野から猿投山にかけての地域の傾動運動を認めることができ，濃尾傾動地塊運動と名付けられた（桑原 1975，桑原・牧野内 1989）．濃尾傾動地塊運動は，西側の養老山地との境に発達する養老・桑名・四日市断層系の活断層を境として沈み込み，濃尾平野は全体として西側が沈み，低くなる傾向のもとに発達した．その傾動開始期は東海層群の米野層堆積期（およそ 1,200 ～ 900 万年前）に本格化したとされ（牧野内 2011），この濃尾傾動地塊運動に関しては近年大震度ボーリング調査や反射法地震探査などによって地下構造が詳しく検討されている（愛知県 2002，須貝・杉山 1999，Sugai et al. 2016 など）（図 II-3-3）．

II-4　沖積低地はどのように形成されてきたか

II-4-1　第四紀の環境変動と海水準変動

沖積平野や海岸平野などの沖積低地は，約 258.8 万年前から現在に至る新生代第四紀に繰り返した大規模な気候変動や海水準変動などの環境変動のうち，最も新しい時期の変動と関連して形成された土地である．

第四紀は氷期と間氷期が繰り返し出現した時期であり，最も新しい時期の変動は約 12

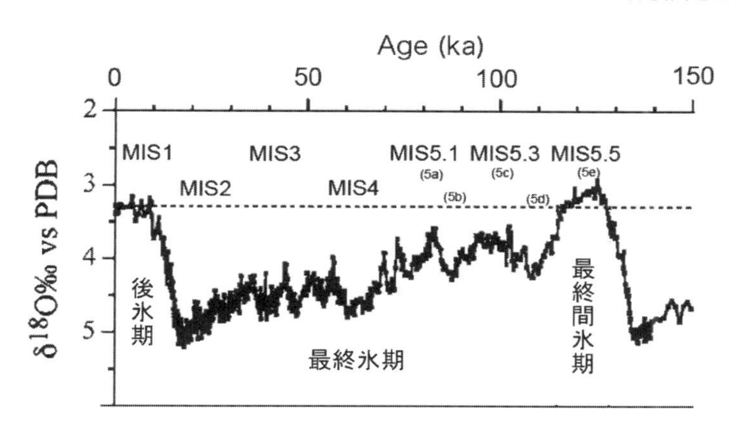

図 II-4-1 最終間氷期以降の酸素同位体比曲線と海洋酸素同位体ステージ（MIS）番号
Shackleton のデータにもとづく Oba and Banakar 2007 の Fig.4 の 15 万年前以降のグラフに文字を加筆. © 日本第四紀学会. グラフの変動は，気温や海水準の変動とかなり対応している.

～ 13 万年前の最終間氷期の温暖期から約 2 万年前に最も寒冷な時期を迎える最終氷期，そして約 1 万年前以降の後氷期へと続く時期の変動で，現在は後氷期の温暖な時期にあたっている．一方，気温の変化は海面（海水準）の変動も引き起こす．温暖な時期には大陸氷河（氷床）や谷氷河などとして陸上に蓄積された氷が溶け出し，河川を通じて海洋へと流れ込み，海水自体の熱膨張も加わって海水量が増加して海面が上昇する．これに対して，寒冷化が進むと，地球上の水分は大陸氷河（氷床）や谷氷河として陸上に蓄積され，河川などを通じて海洋へと戻る水分が減少するために海面が低下する．このような第四紀の気候変動は大陸氷河（氷床）の掘削によって採取された表層コア中の過去の大気の酸素同位体比や深海底堆積物中から得られた有孔虫殻の酸素同位体比によって明らかにされており，グラフから気温の変化やそれと関わる海水準の変化を把握することができる（図 II-4-1）.

II-4-2 最終間氷期から最終氷期最盛期にかけての沖積低地

およそ 12 ～ 13 万年前の最終間氷期（海洋酸素同位体ステージの MIS5.5 あるいは 5e に相当する時期）には多くの地域で現在より海水準が 5 ～ 9 m 程度高かったとされており（町田ほか 2003，Murray-Wallace and Woodroffe 2014），日本の沿岸でも上昇した海水準に対応して，後に海成段丘となる海岸沿いの土地が作られた．なかでも，現在の関東平野では海域の拡大によって，現在の平野部の大部分に浅海底堆積物が広く堆積した（図 II-4-2）.

その後，それらは最終氷期の寒冷化および海水準の低下に伴って離水し，さらに，侵食基準面の低下に伴って開析されて台地が広く分布する地形へと変化する．このような海水準の低下は，海に向けて流れる各河川の河口の位置を変化させ，各河川はさらに侵食を続けて河川に沿う部分では深い谷地形が形成された．図 II-4-3 は関東地方南部を流れる相模川の河床縦断曲線を示したもので，最終氷期の最大海面低下期には 100 m 以上低下した海面に対応して当時の河床が低下し，その過程で何段かの河岸段丘が形成されたことが示されている.

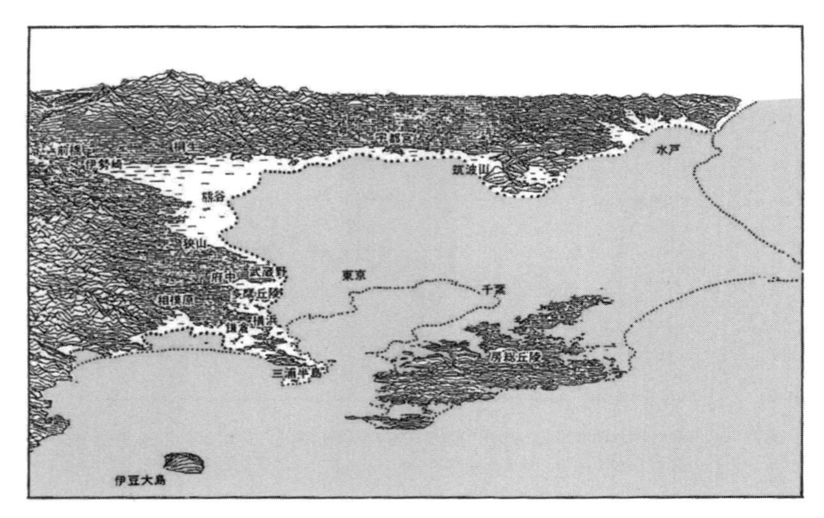

図 II-4-2　最終間氷期の関東平野（増田 1992）
地質調査総合センター WEB コンテンツを一部改変.

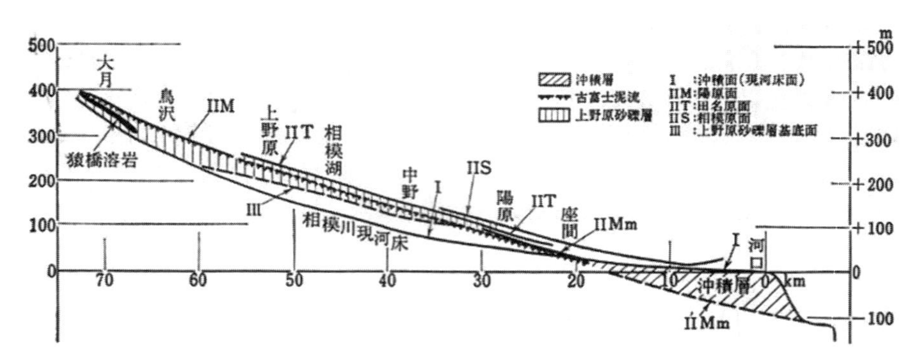

図 II-4-3　相模川河成段丘縦断面模式図（貝塚爽平原図，吉川ほか 1973）

一方，東京低地から東京湾にかけての地域では，現在は千葉県の銚子市付近で太平洋に注いでいる利根川が江戸川に沿って南下し，荒川や多摩川などの河川と合流して現在の東京湾の底を南下していた（Kaizuka et al. 1977，遠藤ほか 1983，遠藤ほか 1988，田辺ほか 2008，田辺ほか 2013，遠藤ほか 2013）．この谷は古東京川とよばれ，海水準が最も低下した時期の河口は，千葉県の房総半島南部と神奈川県の三浦半島先端部付近との間付近にあった．また，当時の谷地形は現在の沖積低地の地下にも連続して存在しており，東京低地の地下に連続しているほか，多摩川や武蔵野台地を刻む神田川や目黒川などの谷にも連続している．また，現在の東京湾湾口付近では，古東京川のなごりとして幅約 1 km，深さ 20 m ほどの溝状の谷が存在している．このような東京低地の地下に埋没した谷地形の存在を明確に示したのは，関東大震災後の復興にあたった復興局の調査であり（復興局建築部 1929），報告書には谷地形を示した地図のほか，調査で使用されたボーリング機材の写真ものせられている（図 II-4-5）．

約 1.8 ～ 2 万年前を中心とする最終氷期の最寒冷期には，気温は現在より 5 ～ 6 ℃ほど低かったとされ（Jouzel et al. 1993），この時期には気温の低下と同時に海水準も著し

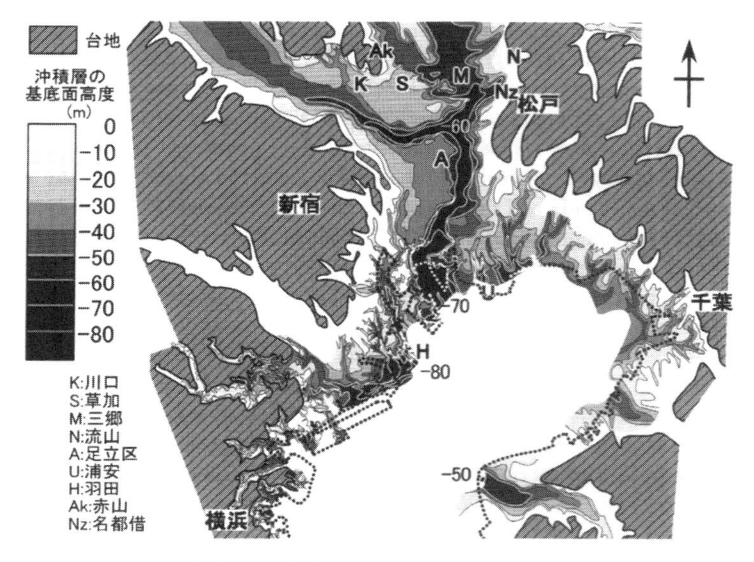

図 II-4-4　東京低地と東京湾沿岸低地の基盤地形（遠藤ほか 2013）

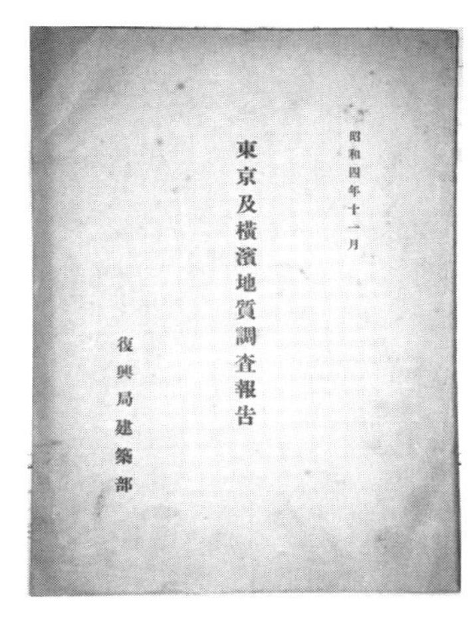
昭和四年十一月

東京及横濱地質調査報告

復興局建築部

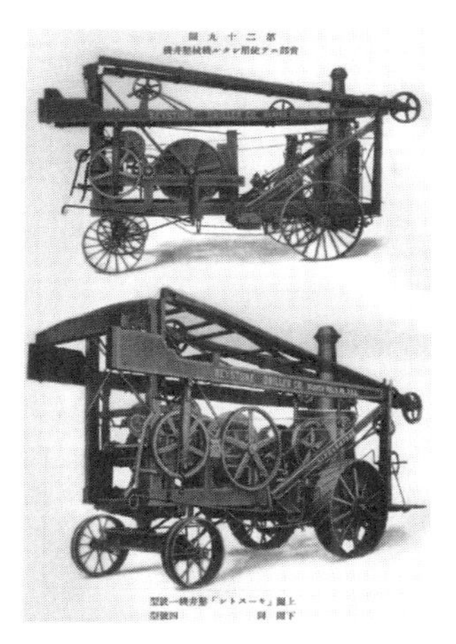

図 II-4-5　復興局（1929）報告書の表紙（左）とドイツから輸入された復興局のボーリング機材（右）

く低下していた．当時の海水準は現在より 120 ～ 130 m 程度低かったとされ（Shackleton 1987，Yokoyama et al. 2000，Lambeck and Chappell 2001，Peltier and Fairbanks 2006），海水準の低下は海岸線の沖合への移動を引き起こした．すでに述べたように東京湾には古東京川が流れ，現在の伊勢湾・三河湾地域でも木曽川・長良川・揖斐川が合流して南下し，陸化した三河湾底で古矢作川や古豊川，さらに西側の伊勢平野からの各河川をもあわせて渥美半島と志摩半島との間を抜けて太平洋に注いでいた．さらに，当時の瀬戸内海は陸化していて，本州と四国・九州は陸続きとなり，大阪平野を流れる淀川は陸化した大阪湾・紀伊水道の底を紀伊半島側から流れる古紀ノ川，四国側から流れる古吉野川などと合流して流れ，太平洋に注いでいた（図 II-4-6）．これらの東京湾や伊勢湾，大阪湾の底に連続する当時の河川が掘り込んだ谷地形は，現在の平野部の地下にも連続していて，沖積低地を構成する沖積層の基底地形となっている．

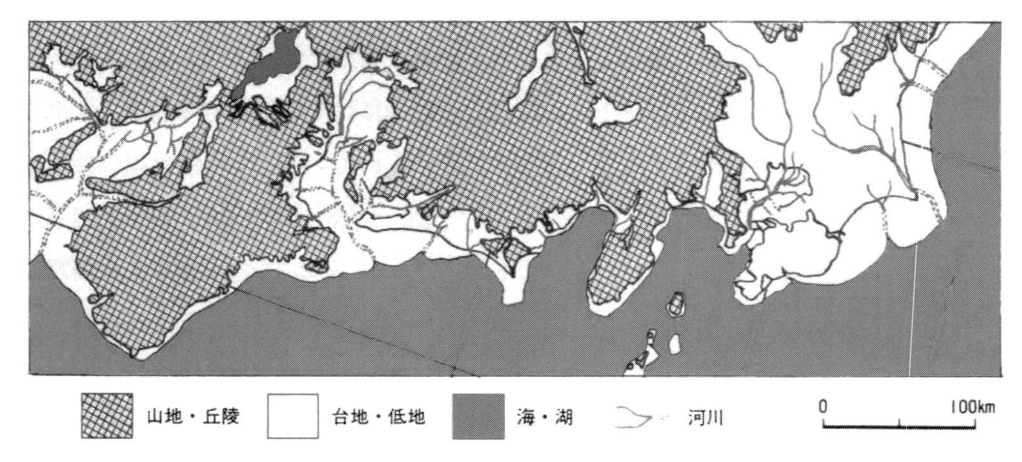

図 II-4-6　最終氷期最大海面低下期における東海道沿岸地域模式図（海津 1994）

II-4-3　晩氷期～後氷期の自然環境と沖積低地

最終氷期の最大海面低下期ののち，後氷期に向けての温暖化に伴って，現在より約 120 ～ 130 m 程度低下していた海面は次第に上昇し，それに伴って海岸線は内陸側に移動する．この時期における厳密な海岸線の移り変わりは十分に復元されていないが，約 1 万年前の縄文時代早期初頭における海岸線はすでに現在とほぼ同じ位置付近あるいは若干内陸側にまで達したと推定され，海水準は－ 40 m ほどの高さにまで上昇したとされている（梶山・市原 1972，海津 1979，小杉 1989a，b，遠藤 2015）．その結果，現在の沖積平野の部分では，最終氷期最盛期に形成された河谷底に堆積していた砂礫層を覆って，砂や泥からなる堆積物が堆積するようになった．それらは氾濫原堆積物的な性格を持ち，堆積物中には植物片などの腐植物が含まれたり，泥炭層がはさまれたりすることもある．

後氷期（約 1 万年前～現在）になると急激に温暖化し，海面は顕著に上昇した．とくに，約 8,000 ～ 7,000 年前頃の上昇量は年間 10 mm にも及ぶものであったとされる（遠藤 2015）. このような海面の上昇は海進とよばれ，我が国ではこの時期が縄文時代にあたっているため，この時期の海面上昇を縄文海進とよんでいる．この縄文海進の海面上昇に伴って海岸線は内陸部へと移動し，現在の沖積平野の部分にも海域が入り込むことになる．

日本の多くの海岸地域では縄文時代前期頃（約 7,000 年前頃）に海水準が最も高くなり，現在の沖積平野の奥にまで入り江や湾が拡大し，小規模な河川の末端部では溺れ谷が形成された（図 II-4-7）．また，関東平野や濃尾平野，大阪平野などの比較的大きな平野では内湾が拡大し，関東平野では現在の東京湾最奥部から埼玉県越谷市，春日部市などを超えて埼玉県栗橋市付近まで現在よりも 60 km も内陸まで入り江が拡大した（東木 1926，遠藤ほか 1983）．濃尾平野でも羽島市や大垣市の南まで伊勢湾がひろがって，濃尾平野の南部に位置する津島市や弥富市などの場所では，水深が 20 m 以上にも達した（海津 1992）．さらに，大阪平野では北に向けて半島状につきだした上町台地の東側にも海域が拡大し，寝屋川市や門真市などから北東部の枚方市や南東部の八尾市に向けて河内湾とよばれる水域が形成されていた（梶山・市原 1972，1982）．なお，現在も湖として残る

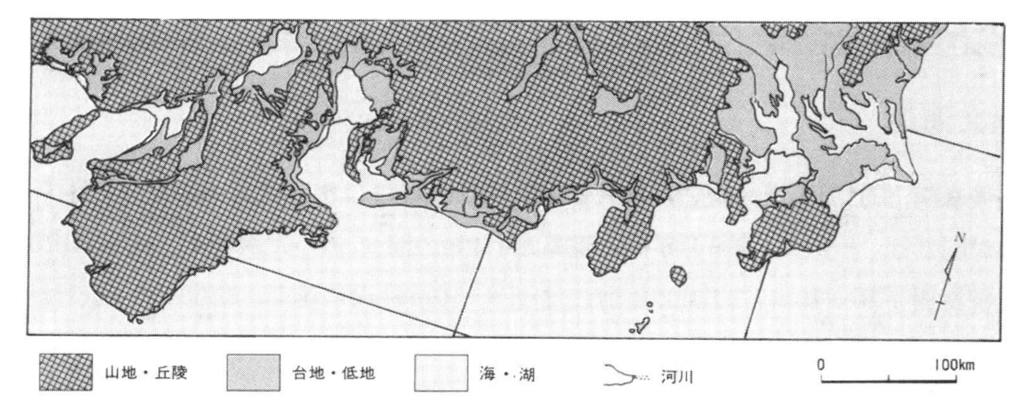

図 II-4-7　東海道沿岸地域における縄文海進高頂期の古地理図（海津 1994）

写真 II-4-1　縄文海進時に形成された入り江が現在も水域として残る浜名湖（2007 年 7 月撮影）

浜名湖や霞ヶ浦は縄文海進時に形成された入り江がほとんど埋積されずに残っている海跡湖である（写真 II-4-1）.

これらの入り江の底には，貝化石を多量に含むシルトや粘土の軟弱な泥質堆積物が堆積し，現在の平野臨海域においてはその厚さが 20 ～ 30 m にも達する所もある．このような沖積層中部の軟弱な堆積物は，関東平野，濃尾平野，大阪平野などのほか，石狩平野や越後平野などほかの多くの平野でも顕著に認められ，軟弱地盤であるために地震時において揺れを増大させる要因となっている．なお，越後平野はその形成場所が地殻変動上の沈降域にあたっているため，沖積層の厚さはほかの平野に比べて厚く，平野の中央部から臨海部の地域では沖積層の厚さは 120 ～ 150 m にも及ぶ（鴨井ほか 2002）.

多くの平野の臨海部における沖積層中部の厚い泥質層は，内陸側に向けて次第に厚さが薄くなり，混入する貝化石の種類も内湾泥底に棲息するものから干潟環境に棲息するもの

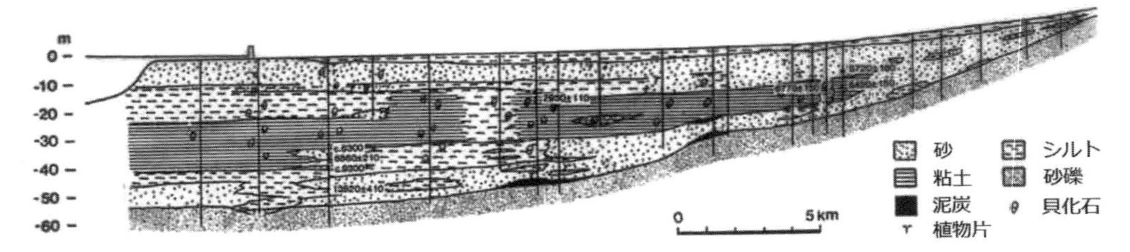

図 II-4-8　濃尾平野河川縦断方向地質断面図（海津 1992）

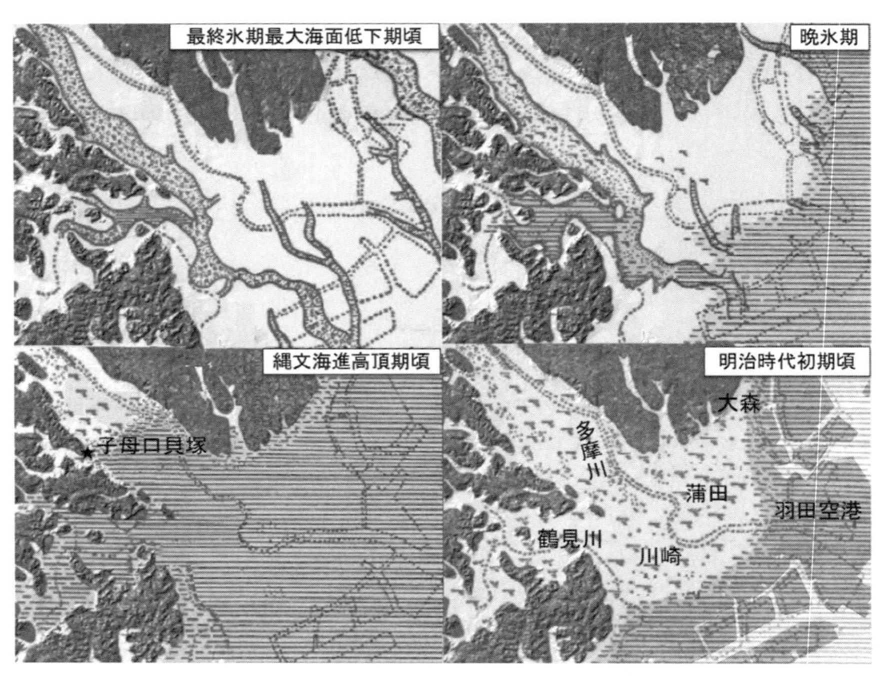

図 II-4-9　多摩川下流低地の古地理図（海津 1977 にもとづく）

へと変化する（松島 1979）．また，内陸側では堆積物は砂泥質あるいは砂泥互層といった地層へと変化し，さらに内陸の地域では砂層や砂礫層となって上下の地層との区別がつかなくなる（図 II-4-8）．

図 II-4-9 は，東京都と神奈川県の境を流れる多摩川下流低地の，最終氷期最大海面低下期（約 2 万年前），晩氷期（約 1 万年前）縄文海進高頂期（約 7,000 年前），明治時代初期（約 150 年前）における古地理変化を，海津（1978）にもとづいて模式的に示したものである．この図で示すように，現在の沖積低地の地下には最終氷期の低海水準に向けて形成されていた埋没谷が存在しており，当時の多摩川はまわりの段丘や氾濫原を刻んで谷地形をなし，谷底には上流から供給されてきた砂礫層が堆積していた．その後，更新世最末期に相当する晩氷期になると海水準は次第に上昇し，およそ 1 万年前頃には海進が進んで当時の海岸線は現在の海岸線付近にまで達した．その後海面上昇はさらに進み，急激な海水準の上昇の結果，およそ 7,000 年前になると現在の沖積平野のかなり奥まで海岸線が後退した．多摩川低地では，川崎市高津区子母口に縄文時代早期後半の子母口式土器を出土する子母口貝塚などが形成されており，ハイガイやマガキなどが出土する．当時形成されていた入り江の多くは，その後平野を流れる河川が運搬した土砂の堆積によって埋積され，沖積平野が拡大した．

海水準は縄文海進の高頂期以後，わずかに変動しながら現海水準に達し，その間に拡大していた内湾や入り江は河川運搬物質による埋積によって急速に陸化する．内湾を埋積しながら拡大した三角州やその背後の氾濫原では，新たな陸成堆積物が堆積し，自然堤防をはじめとする平野の微地形が展開する．埼玉県南部から東京湾に至る東京低地では，縄文時代から古墳時代にかけての時期に利根川や毛長川などによる埋積が進み，埋没地形などの影響を受けて毛長川沿いと江戸川中川沿いの地域が相対的に早く睦化したことが明らかにされている．また，古墳時代の東京低地には水域もしくは湿地がひろがっていたこと，さらに近世以降の河川改修がこの地域の水系に大きな変化をもたらしたことなども指摘されている（久保 1989）．

一方，中部地方の濃尾平野や矢作川低地などでも完新世後期に拡大していた内湾や入り江が次第に埋積され，河川の氾濫などにともなって自然堤防の形成が活発化したことが明らかにされている．濃尾平野では，縄文時代中期後葉（4,300yrs BP）以降，木曽川扇状地東部を中心に遺跡が分布するようになり，縄文時代後期末（3,000yrs BP）と弥生時代前期末（2,200yrs BP）の 2 度の画期を経て，西側と南側の地域にその分布域を段階的に拡大させたことが明らかにされ，完新世後期に木曽川の主流および土砂の堆積域が低地東部から西部へと移行するとともに，堆積環境の安定域が西部や南部へ拡大したことが明らかにされている（小野ほか 2004）．また，矢作川低地では，縄文海進高頂期以降，相対的海水準の低下の影響を受けて 3,000 ～ 2,500 年前に三角州の離水が広範囲で進行したとされ，この時期に離水した地域，およびその上流では，約 3,000 年前以降は安定した後背湿地的環境であったが，約 2,000 年前頃から洪水氾濫の影響が強くなり，古墳時代には顕著な自然堤防が形成されるようになったとされている（川瀬 1998）．

さらに，越後平野中央部では，縄文海進高頂期以降拡大した内湾は縮小と拡大を繰り返しながら，信濃川の土砂供給によって徐々に埋積され，4,000 年前以降には臨海部における土砂の前方付加や砂丘の形成が集中的に進行した．内陸側の氾濫原では土砂の垂直的な堆積が徐々に進行し，その過程において河川の洪水による土砂堆積の少ない 1,400 ～ 1,000 年前頃の「安定期」と土砂の堆積が活発化した 1,000 ～ 800 年前頃の「堆積期」が認められたとされ，越後平野中央部で信濃川の西側を流れる西川と中ノ口川の間の氾濫原では，自然堤防群の大半がこの時期に形成されたとされている（小野ほか 2006）．

一方，海岸平野として発達した仙台平野や九十九里平野（九十九里浜平野）では，縄文海進の高頂期には現在の平野の大部分が浅い海域になっていた．現在の平野の場所では，背後の山地・丘陵や台地から流入するいくつかの河川が土砂を運んで河口付近に小規模な沖積地を作っていたが，その前面には外洋がひろがり，陸域から運ばれた砂などの堆積物が沿岸流や波の作用によって移動して砂州などが形成されていた．外洋に面した浜の背後には浜堤が形成され，その後の海水準の微変動や海岸線に沿う流れによる土砂の堆積に

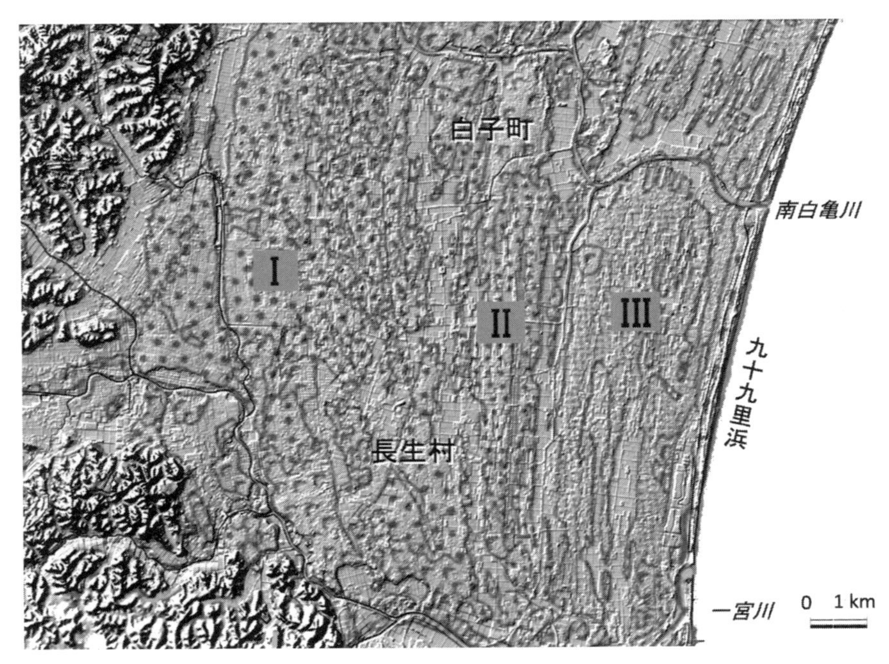

図 II-4-10 九十九里平野（九十九里浜平野）南部の浜堤列
地形陰影図に森脇（1979）の地形分類図（部分）を重ねて作成．© 日本第四紀学会．

よって以前に作られた浜堤や砂州の前面に新たな浜堤や砂州が形成され，何列にも及ぶ砂堤列が形成された．九十九里平野では，10 列以上の砂堤列が発達しており，森脇（1979）はそれらをおよそ 5,500 ～ 4,000 年前に形成された第 I 砂堤群，4,000 ～ 2,000 年前に形成された第 II 砂堤群，1,500 年前～現在に形成された第 III 砂堤群の 3 つの砂堤群に分けている（図 II-4-10）．また，松本（1984）は砂堤列の発達する仙台平野をはじめとする東北地方の 5 地域の海岸平野について，浜堤列の形成時期を検討した結果，各海岸平野における浜堤列の形成時期には同時性が認められることを明らかにし，それらの形成時期が内陸側から 5,000 ～ 4,500 年前，3,300 ～ 3,000 年前，2,600 ～ 1,700 年前および 800 年前～現在であるということを指摘している．

一方，石狩平野では石狩湾に面した地域に花畔砂堤列が顕著に発達しており，それらの内陸側には紅葉山砂丘が発達していて，石狩海岸平野の特徴的な地形的をなしている．このような地形の分布は，縄文海進高頂期に現沖積面に近い高度で広い海成面ないし河成面が形成され，海岸線付近に砂丘が形成されたのちに穏やかな海退に伴って広大な浅海底が陸化し，砂堤列が形成されたことによるとされている（上杉・遠藤 1973）．

また，越後平野をはじめとする日本海岸の平野などでは顕著な砂丘が形成されている所も多く，越後平野では新潟古砂丘グループ（1974, 1978），仲川（1987），鴨井ほか（2006）などにより遺跡の立地時期などにもとづいてその形成時期が検討されている．鴨井ほか（2006）によると越後平野では約 8,000 年前頃に縄文海進とともに海水面が上昇すると，内陸部でラグーンを伴ったバリア島システムが成立し，約 6,000 年前の海水準高頂期以後に堆積物が豊富に供給されて沖積平野が急速に拡大したとされる．また，海岸砂丘の発達

図 II-4-11　越後平野と周辺地域の地形鳥瞰図（SRTM-DEM により作成）

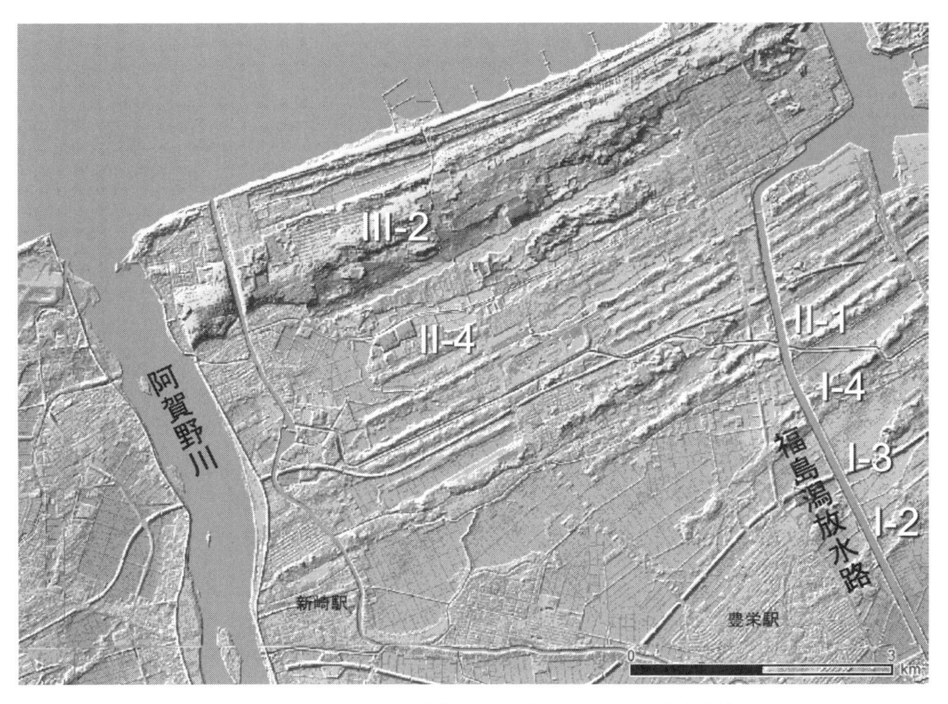

図 II-4-12　地形陰影図で示した越後平野の阿賀野川最下流部右岸地域の砂丘列
砂丘の区分は鴨井ほか 2006 の図 1 にもとづく．

は断続的に進み，10 列の砂丘列が形成された．砂丘の形成年代は，新砂丘 I-1 が約 6,000 年前，新砂丘 I-2 が 6,000 ～ 5,500 年前，新砂丘 I-3 が 5,000 年前，新砂丘 I-4 が約 4,500 年前，新砂丘 II-1 が約 4,000 年前，新砂丘 II-2 が約 3,500 年前，新砂丘 II-3 が約 3,000 年前，新砂丘 II-4 が 2,000 ～ 1,700 年前，新砂丘 III-1 が 1,700 から 1,100 年前，新砂丘 III-2 が約 1,100 年前であることが明らかにされている（図 II-4-12）．

このような砂丘や砂堤列の発達する平野では，海岸線に沿って沖積層上部に砂州や砂丘を構成する比較的厚い砂層が見られる一方，沖積面下に最終氷期の埋没谷が存在したり，海進時に堆積した厚い泥層が発達する所も多い．また，河川下流部にひろがる沖積平野の一部に浜堤や砂丘の発達する地域が存在する例もあり，相模川下流の沖積低地では西部に相模川の形成した沖積平野がひろがる一方，東部には砂丘や砂堤列が顕著に発達する湘南海岸の地域がひろがっている．

III　沖積低地の地形を知る

III-1　沖積平野と海岸平野

沖積低地のうち，沖積平野は河川の堆積作用によって形成された低地である．河川が山間部から平野あるいは盆地に出ると河床勾配が緩やかになり，氾濫域がひろがる．そのため，洪水時の水深は河谷を流れていたときより浅くなって河流の運搬能力が減少し，運搬されてきた砂礫は河道の周辺に堆積する．河道に近い部分が堆積によって高まると，河川はより低い流路を取るようになり，次の氾濫による土砂堆積はその低い所を埋めるように進行する．このようなことの繰り返しによって形成されたのが扇状地である．河川はさらに下流側において主として砂泥質の堆積物からなる氾濫原を形成し，さらに下流側において水域に向けて形成された三角州を発達させる．典型的な沖積平野の地形は，内陸側から海側に向けて扇状地，氾濫原（氾濫原低地），三角州が順に配列するが，富山平野の黒部川扇状地や静岡平野の安部川扇状地，大井川扇状地などのように扇状地が直接外洋に面して発達する平野や天竜川低地のように氾濫原が直接海に面する平野もある．

一方，沖積層からなる低平な平野が海岸線に沿って発達する所もあり，海岸平野とよばれている．海岸平野は，その一部に背後の山地・丘陵や台地から流下した河川運搬物質が堆積した沖積平野的な部分が見られるものの，外洋に排出された河川運搬物質や海食崖の侵食などによって供給された堆積物が海岸域の波浪や沿岸流によって運ばれて堆積し，形成された平野である．海岸平野には浜堤や砂丘などが分布することも多く，それらの作る微高

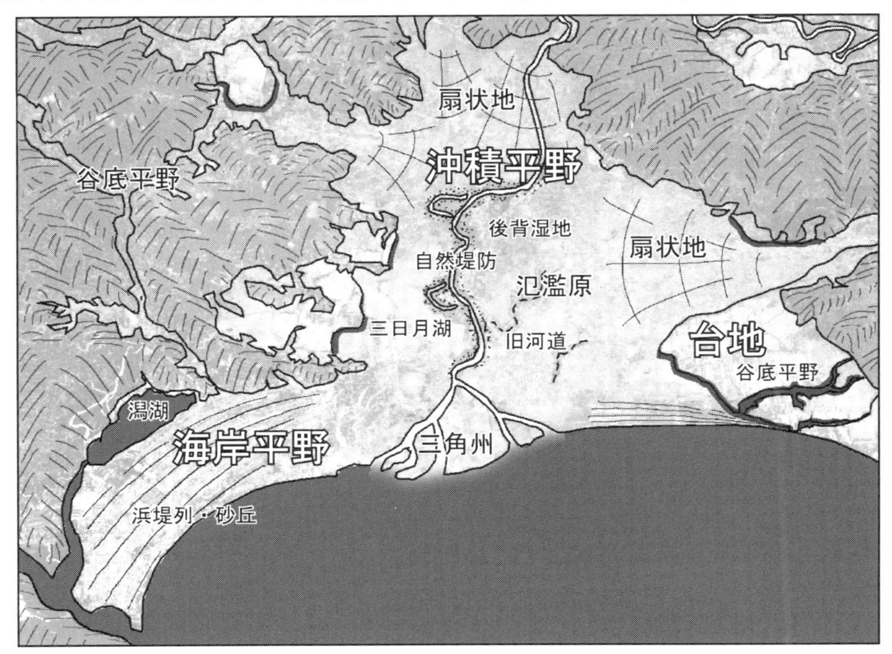

図 III-1-1　沖積低地の地形模式図と各種の地形

地と微高地との間には軟弱な泥層や泥炭の見られる堤間低地が細長くのびている所も多い．

なお，主として河川の洪水・氾濫によって形成された沖積平野と，主として海の作用によって形成された海岸平野とは地形としては区別されるが，両者は後述するように沖積層によって構成されており，とくに沖積平野の最下流部と海岸平野では沖積層の構造やそれと関連した地盤の状態に共通性がある．そのため，第II章で述べたように沖積平野と海岸平野を一括して述べる場合には沖積低地という語を用いる．

III-2　沖積平野

III-2-1　扇状地

河川が山地から平野や盆地に出る所では，河床勾配の減少によって上流域から運搬してきた砂礫や土砂などの運搬物質が堆積する．河道沿いに堆積が進むと河床が上昇し，著しい洪水の際には河道部分より洪水流があふれ，低い場所に向けて流路を変える．長い時間を考えると，このように流路が繰り返し変化することによって，山地から盆地あるいは低地への河川の出口付近を頂点として各方向に向けてまんべんなく土砂が堆積し，傾斜の緩い半円錐形の地形ができる．このようにして作られた地形が扇状地である．地表面の勾配は多様であるが，沖積錐や巨大扇状地を除くと，1/200程度から1/1,000程度であるとされている（斉藤 2006）．

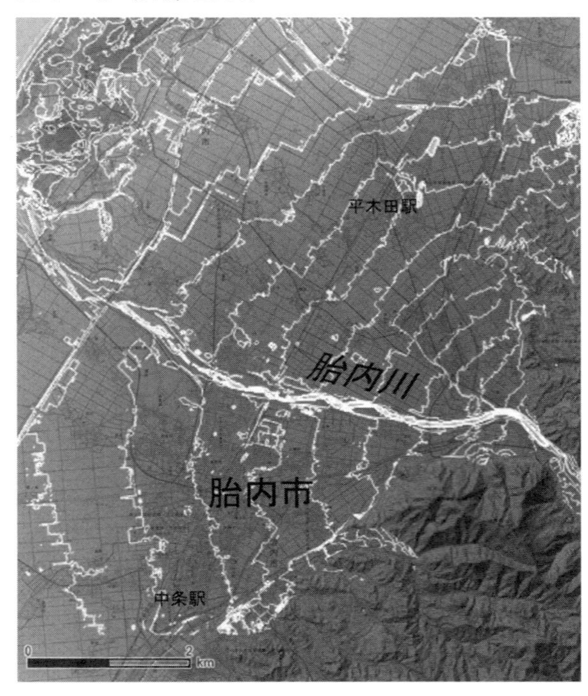

図 III-2-1　等高線が同心円を描く典型的な扇状地の例
越後平野北部の胎内川扇状地．等高線間隔は 5 m．右岸の東部には扇状地面に崖があり，段丘化した古い扇状地が認められる．

扇状地は基本的には河川の流路変更によって作られているために，扇面には多数の河道跡が見られる．一般に，砂礫質の堆積物が運ばれて堆積するような所では，河川は網状流路をなす．扇状地の扇面に見られる河道跡もそのような網状流路の形を示しており，門村（1971）はそのような網状流路をなす砂礫流送河川の低水時の河床形態と扇状地面の地形とを対応させ，中州（砂礫堆）の離水した地形を旧中州，網状流路の離水した地形を網状流跡，低水路の離水した地形を旧低水路または低水路跡として説明した．扇状地面に分布する微地形は基本的にこのような網状流路の複合体からなり，多くの扇状地面ではとくに流路跡とそれらの間に分布する紡錘状の平面をもつ砂礫堆の微高地が特徴的である．こ

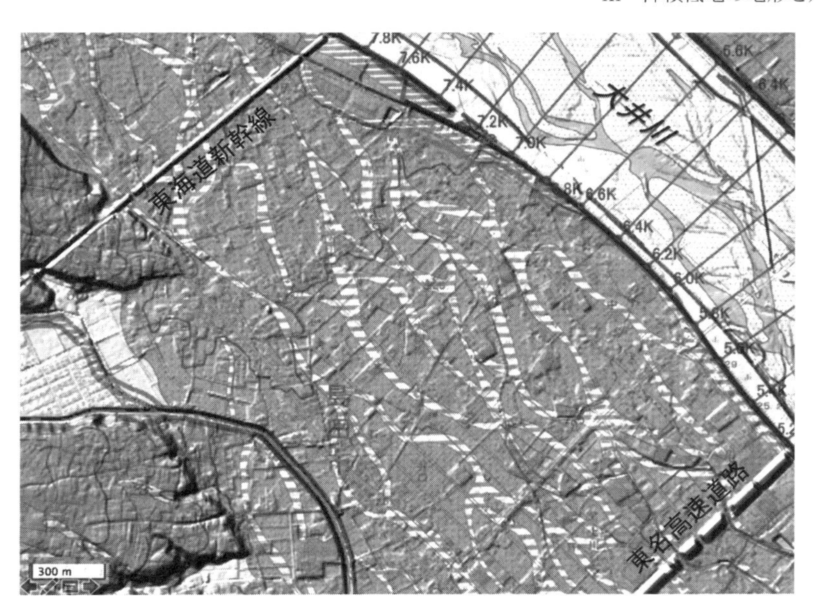

図 III-2-2　治水地形分類図で示された大井川の網状流路と河岸に見られる多数の旧河道

の微高地については，前述したように門村（1971）は旧中州としたが，その用語はほとんど定着していない．また，低地の地形を詳細に整理し，記述している鈴木（1988）でも「扇面には谷口から放射方向に延びる直線的な微高地帯と微低地帯がしばしば発達している．前者は礫で形成された自然堤防帯であり，後者は流路の転流で放棄された網状流路の跡地である」とし，紡錘状の微高地についてはとくに言及していない．

一方，欧米でも網状流河川の地形や堆積物についての記述のなかで channel bar の記述は見られるものの，扇状地面の紡錘状の微高地について特定の名称を与えたものは少ない．そのようななかで，この紡錘状の部分に対して Rachocki（1981）では braid bar，Miall（1996）では gravel bar という名称をそれぞれ使っているが，いずれも基本的には網状流路の中州に対する用語を援用していると考えられる．

以上，扇状地面の紡錘状の微高地をとくに示す用語はまだしっかりと定義されていないと考えられるので，本書においても網状流路の砂礫堆を援用し，旧砂礫堆とよび，とくに扇状地面の砂礫堆であることを強調する場合には，扇状地面砂礫堆とよぶことにする．なお，公刊された各種地形分類図では，このような微高地が明瞭に区別されない場合も多く，流路跡（旧河道）のみを区分し，それ以外の部分は扇状地として区分する例が大部分である．また，鈴木（1998）が述べるような河道に沿う高まりが見られる場合には，その部分を微高地あるいは天井川に沿う微高地として区分している例もある．

扇状地の規模や地形的な特徴には背後の地形や河川の性格，堆積場の特徴などによってさまざまなものが認められる（斉藤 1988，斉藤 2006）．規模の大きな扇状地としてはインドの Kosi 川扇状地のように半径 100 km を越えるようなものもあるが，わが国では扇頂から先端までの距離が 14 km ほどに達する木曽川扇状地などが大きな扇状地として知られている．これらの規模の大きな扇状地の扇面の勾配は極めて緩く，現地ではあまり土

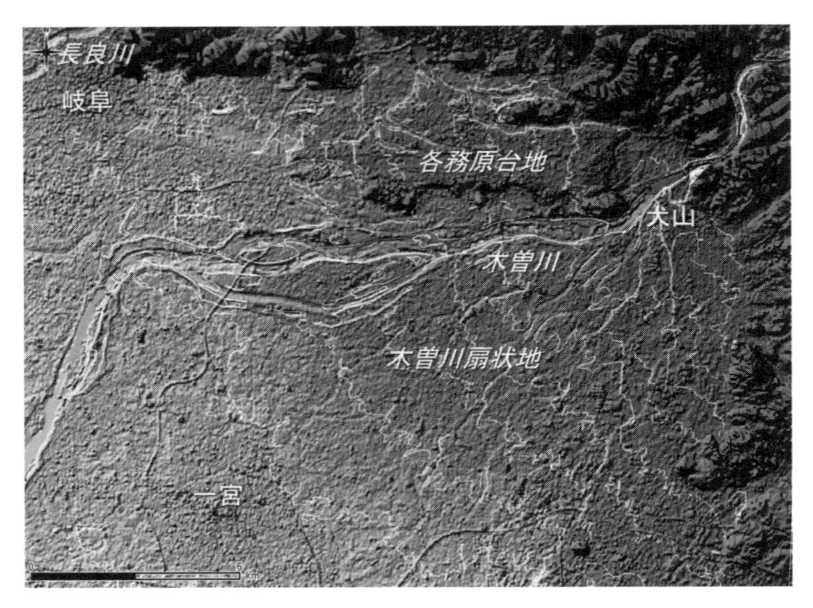

図 III-2-3　扇頂付近から枝分かれした旧流路のみられる木曽川扇状地の地形陰影図（等高線間隔は 5 m）

地の傾斜を感じられない．しかしながら，扇面には過去の流路の変遷を示すいくつもの旧流路が扇頂から放射状に発達しており，堆積物も表土の下に厚い礫層が存在する．旧流路は周囲の扇状地面に比べてわずかに低く溝状に連続していることが多く，木曽川扇状地のように扇頂部から放射状にひろがる河道跡が存在している例もある（図 III-2-3）．

なお，これらの比較的大きな扇状地の場合には，その形成は現在の河川の堆積のみによって作られたものではなく，木曽川扇状地（井関 1983）や天竜川扇状地（門村 1971）などにおけるように最終氷期あるいはそれ以前の時期に形成された扇状地が母体になっていることが多い．とくに，最終氷期には山岳地帯で岩屑が大量に生産され，それらが河川によって下流域に運搬されて扇状地が形成．拡大したことが十勝平野（平川・小野 1974）などにおいて明らかにされている．一方，完新世に入ってからも形成が進んだと考えられる扇状地も存在し，完新世の礫層は 9,000 年前頃と 3,000 年前頃に集中しているという指摘がある（斉藤 1988）．さらに，火山や活断層の活動に伴って顕著な土砂堆積が進行し，扇状地の発達につながったとされる地域も多い．

なお，駿河湾や富山湾などの深い海に面して発達する平野では黒部川，大井川，安部川などの作る扇状地が湾や外洋に直接面して発達している．このような扇状地を三角州扇状地（デルタファン）とよぶことがあるが，渡辺（1961）が述べるようにこれらは平野としての性質は扇状地であり，本来氾濫原や三角州を形成するはずの堆積物が海底に没して地形を形成せず，扇状地が直接外洋に面して形成されているものである．

このような比較的規模の大きな扇状地に対して，扇頂から扇央までの距離が数 km 以下の比較的小規模な扇状地も各地で認められる．とくに，活断層の活動に伴って形成された山地と盆地あるいは平野との境界などでは，山地から盆地や平野に流れ込む河川が数多くの扇状地を作っている．それらの地域では，濃尾平野に面する養老山地の東麓や，琵琶湖に面する比良山地の東麓などのように，隣り合う扇状地が重なって連続し，合流扇状地をなしている例も多い．

なお，土石流によって背後の山地を刻む谷から土砂が堆積して形成された扇状地状の地形も存在する．多量の土砂が河谷を流れ，比較的狭い堆積場に堆積した場合には河道の移動が繰り返しおこらなくても半円錐形の堆積地形ができる．このようなものは沖積錐とよばれ，比較的小規模であり，地表面の勾配は大きい．堆積物は淘汰の悪い礫や土砂からなり，岩塊状の巨礫が含まれることもある．従来の地形分類のなかにはこのようなものを含めて扇状地としている例も多いが，防災の面からはこのような場所はとくに土石流災害の危険性が高いので，一般の扇状地とは区別して沖積錐，あるいはその用語がわかりにくければ斉藤(1988)で示されているように土石流扇状地などとして区分した方が良いと考える．

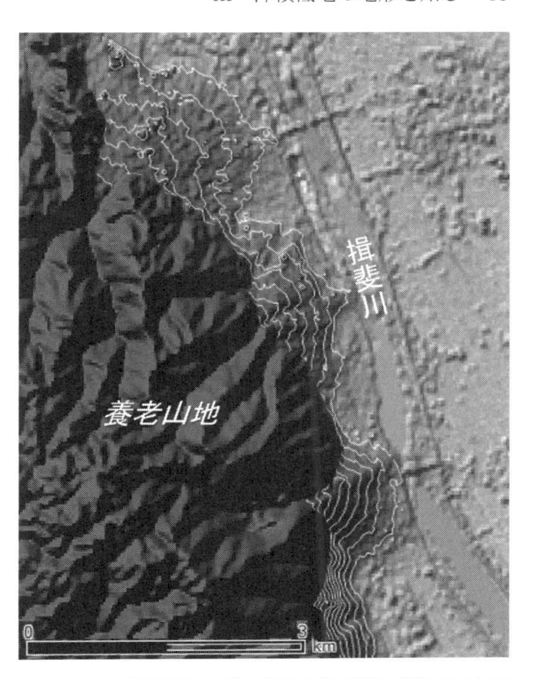

図III-2-4　濃尾平野西部の養老山地東麓に発達する小扇状地群（等高線間隔は 10 m）

ところで，扇状地の地形は地形図においては同心円状の等高線によって示される．地形図で等高線に色をつけたり，等高線の間を異なる色で塗る段彩を行ったりしてみるとその様子はよく示されるが，地形分類図で扇状地を区分するにあたって扇状地の末端を決めることはかなり難しい．基本的には地表面の勾配の変化を手がかりに扇状地の末端を求めるが，地形図では微妙な勾配の変化は把握できない．そのような場合，以前は空中写真の判読などで地表面の勾配の変化を把握して扇状地の末端を示す地形界がひかれていたが，それでも扇状地の末端をきめるにはかなり困難である場合も多かった．そのようななかで，近年 DEM の使用がかなり一般的になり，精度の高い扇面の段彩をおこなったり，断面図を作成したりすることが可能になって，扇状地末端の地形や勾配の変化を高精度に把握できるようになった．最近の治水地形分類図の作成や土地履歴調査における自然地形分類図の作成においてはこのような DEM の利用によって，より高い精度で扇状地末端の地形界を求める努力がなされている．

扇状地の土地利用や水利用を考えた場合，山地から河川が出る場所を扇頂，扇状地の中央部分を扇央，平野や盆地面に向けての縁辺部分を扇端とよび，扇状地面は扇面ともよばれる．一般に扇状地では堆積物が砂礫質であるため，扇央部分では水はけが良く，地表水が地下に浸透してしまって河川が伏流することも多い．これに対して，扇端部では地下水面が浅くなり，しばしば湧水が見られる（写真 III-2-1，写真 III-2-2）．

このようなことから，扇央部では荒れ地や畑作地あるいは果樹園などが分布することが多く，先端部では水を得やすいことから集落が立地したり，水を多く利用する工場などが

写真 III-2-1　松山平野重信川扇状地の湧水池（1985 年 7 月撮影）

写真 III-2-2　重信川扇状地の湧水で洗いものをする農家の人々（1980 年 12 月撮影）

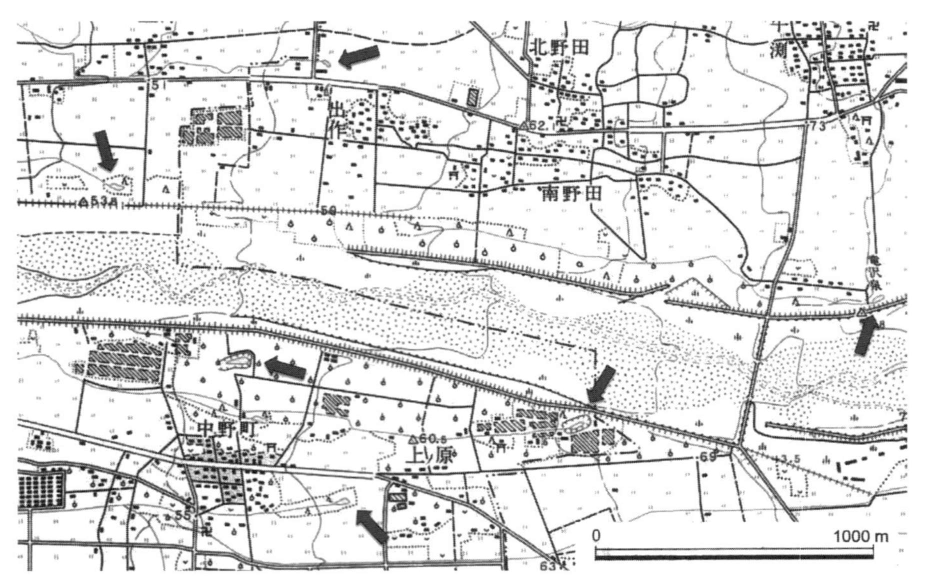

図 III-2-5　松山平野重信川扇状地の湧水池（1981 年発行 2 万 5,000 分の 1 地形図『松山南部』の一部）
矢印の先端に湧水池が存在．これらのうちのいくつかは現在も存在する．

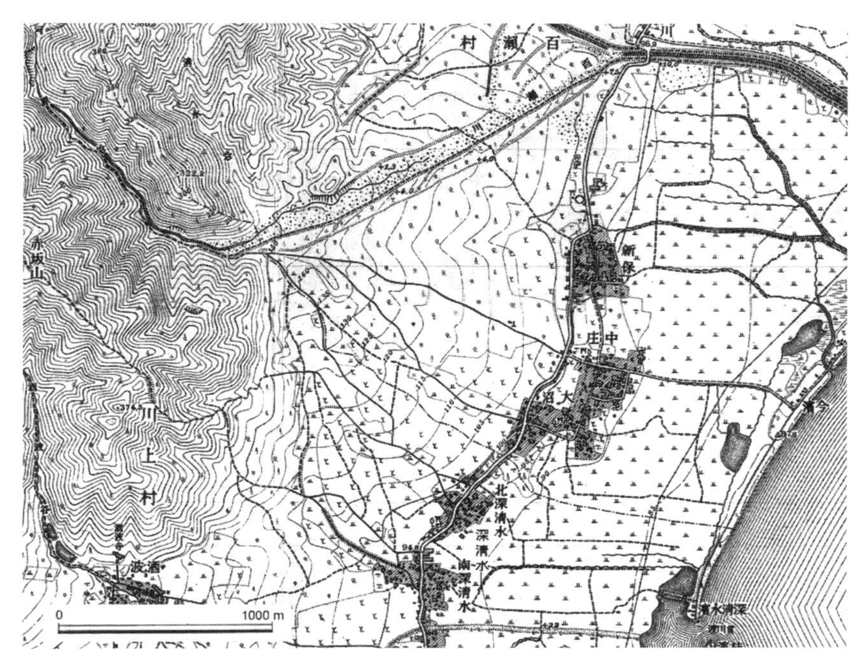

図 III-2-6　扇央部に森林及び桑畑が分布し，扇端部に集落が配列する琵琶湖西岸の百瀬川扇状地
百瀬川は扇央から扇端にかけての部分で伏流している．(1922 年発行 2 万 5,000 分の 1 地形図「海津」図幅)

立地したりしてきた（図 III-2-6）．また，扇頂部でも河川水を利用しやすいため古くから集落が立地することが知られている．なお，わが国のような稲作が盛んな地域では扇央部でも扇頂部付近から農業用水を引き，客土によって地下への地表水の浸透を防いで広い範囲にわたって水田が開かれている所もある．

III-2-2　氾濫原・氾濫平野

沖積平野において，扇状地の下流側にひろがるのが氾濫原・氾濫平野などとよばれる地形である．それらの地表面の勾配は扇状地に比べてかなり緩く，1/1,000 から 1/5,000 程度の地域が多い．氾濫原は蛇行原・自然堤防地帯あるいは洪函平野などとよばれることもあり，自然堤防や旧河道，押堀などのさまざまな微地形が認められる．堆積物は砂やシルト・粘土などからなり，自然堤防の背後にひろがる後背湿地や旧河道の部分では泥炭が発達することもある．氾濫原の形成も扇状地と同様に洪水に伴う河川の氾濫によって運搬された運搬物質の堆積によるが，扇状地の洪水・氾濫堆積物が主として砂礫質よりなるのに対し，氾濫原では砂泥質の堆積物からなり，氾濫原を流れる河川の河道は網状流路ではなく屈曲しながら帯状に流れる蛇行流路となる．

ところで，わが国では氾濫原などに対応する用語はかなり混乱している．高等学校の教科書では，欧米の自然地理学の教科書の多くが用いている floodplain と同じ意味で，扇状地と三角州の間にひろがる自然堤防，後背湿地，旧河道などを含む地形を氾濫原とよんでおり，鈴木（1998）も同様の観点で蛇行原という用語を用いている．一方，国土地理院の数値地図 25000（土地条件図更新版）では，低地の地形を大きく低地の微高地と低地

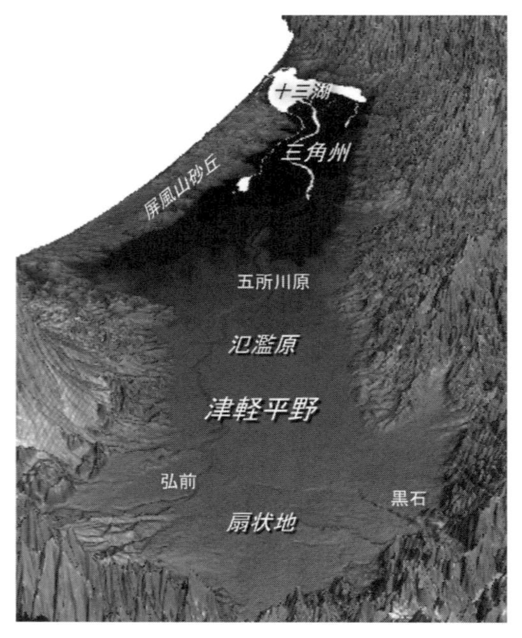

図 III-2-7　扇状地，氾濫原，三角州と屏風山砂丘からなる津軽平野の鳥瞰図（50 mDEM を用いて GRASS で作成）

の一般面に分け，低地の微高地として扇状地，自然堤防，砂州・砂堆・砂丘，天井川・天井川沿いの微高地を区分し，低地の一般面として谷底平野・氾濫平野，後背低地，旧河道，海岸平野・三角州を区分している．また，台地・段丘や扇状地などの表面に形成された浅い流路跡や浸食谷を凹地・浅い谷として区分している．

この区分では，高等学校教科書の後背湿地に相当する部分を氾濫平野として区分しており，国土交通省の土地履歴調査の地形分類図でも同じく氾濫原低地とよんでおり，これらの地形分類図では扇状地と三角州との間にひろがる自然堤防が良好に発達する部分全体については特別の用語を用いていない．

一方，国土地理院の治水地形分類図では，氾濫原に相当する部分に加えて海岸平野と三角州をも含めた地域の自然堤防や湿地を除く部分を氾濫平野としていて海岸平野，三角州という用語を用いていない．

なお，高校教科書では自然堤防背後の低い土地全体を後背湿地としているが，数値地図25000（土地条件図更新版）では高校教科書の後背湿地のなかの湿地の部分を後背低地，土地履歴調査では湿地とよんでいる．また，治水地形分類図の更新版では，旧版の湿地・旧湿地を後背湿地とよんでおり，高校教科書の後背湿地は，この後背湿地と氾濫平野とあわせたものに相当するため，同じ用語が異なった地形のカテゴリーに使われていて若干の混乱を生じる．

以上の結果を整理してみると，欧米の教科書で一般的に用いられている floodplain に相当する用語は，高等学校教科書の氾濫原や鈴木（1998）の蛇行原が対応しており，古くは貝塚ほか(1963)で用いられた自然堤防地帯というのもこれに対応している．しかしながら，公刊された地形分類図である土地条件図，治水地形分類図，土地履歴調査地形分類図では，floodplain に相当する地形地形用語は使用されていない．一方，floodplain にみられる微地形として自然堤防や旧河道は高校教科書のほか公刊された地形分類図でも取り上げられ，各種地形分類図でも分類されているが，土地条件図と土地履歴調査地形分類図では自然堤防と天井川沿いの微高地を分けて区分し，治水地形分類図では扇状地におけるものも含めて微高地と区分している．また，floodplain のなかの湿地については高校教科書では明確に示されていないが，土地条件図，治水地形分類図，土地履歴調査地形分類図のいずれもが区分しており，それぞれ，後背低地，後背湿地，あるいは湿地としている．これらは土地条件という点から湿地をしっかりと把握することが必要であることによると考えられる．

表 III-2-1　高校教科書の地形区分と刊行された各種地形分類図の凡例

<table>
<tr><th colspan="2">高等学校教科書</th><th colspan="2">数値地図 25000
土地条件図（更新版）</th><th colspan="2">治水地形分類図
（更新版）</th><th>土地履歴調査
（地形分類図）</th><th>水害地形分類図
（大矢雅彦氏による）</th></tr>
<tr><td colspan="2">河岸段丘・海岸段丘・台地</td><td colspan="2">更新世段丘・完新世段丘・台地／段丘</td><td colspan="2">台地・段丘＜段丘面・崖（段丘崖）・浅い谷＞</td><td>岩石台地・砂礫台地・ローム台地</td><td>台地・段丘</td></tr>
<tr><td colspan="2" rowspan="2">扇状地</td><td rowspan="4">低地の微高地</td><td rowspan="2">扇状地</td><td colspan="2" rowspan="2">扇状地（微高地・旧河道を含む）</td><td>扇状地</td><td rowspan="2">扇状地</td></tr>
<tr><td>緩扇状地</td></tr>
<tr><td rowspan="6">氾濫原</td><td rowspan="2">自然堤防</td><td>自然堤防</td><td rowspan="2">扇状地・氾濫平野</td><td rowspan="2">微高地（自然堤防・天井川沿いの微高地）</td><td>自然堤防</td><td>自然堤防</td></tr>
<tr><td>天井川沿いの微高地</td><td>天井川沿いの微高地</td><td>天井川</td></tr>
<tr><td rowspan="3">後背湿地</td><td rowspan="2">低地の一般面</td><td>谷底平野・氾濫平野</td><td rowspan="7">氾濫平野</td><td>氾濫平野</td><td>氾濫原低地</td><td>後背湿地</td></tr>
<tr><td>後背湿地</td><td rowspan="2">後背湿地（旧版の湿地・旧湿地を統合）</td><td rowspan="2">湿地</td><td rowspan="2">湿地</td></tr>
<tr><td>瀬水地形</td><td>湿地・天井川の部分</td></tr>
<tr><td>旧流路・三日月湖</td><td rowspan="4">低地の一般面</td><td>旧河道</td><td>旧河道＜明瞭・不明瞭＞</td><td>旧河道</td><td>旧河道</td></tr>
<tr><td colspan="2">谷底平野</td><td>谷底平野・氾濫平野</td><td>（氾濫平野に含まれる）</td><td>谷底低地</td><td>谷底平野</td></tr>
<tr><td colspan="2">三角州</td><td rowspan="2">海岸平野・三角州</td><td>（氾濫平野に含まれる）</td><td rowspan="2">三角州・海岸低地</td><td rowspan="2">三角州</td></tr>
<tr><td colspan="2">海岸平野</td><td>（氾濫平野に含まれる）</td></tr>
<tr><td colspan="2">砂州・砂嘴・トンボロ（陸繋砂州）</td><td rowspan="2">低地の微高地</td><td rowspan="2">砂州・砂堆・砂丘</td><td colspan="2" rowspan="2">砂州・砂丘</td><td>砂州・砂堆，礫州・礫堆</td><td>砂州・砂嘴</td></tr>
<tr><td colspan="2">砂丘</td><td>砂丘</td><td>砂丘</td></tr>
</table>

なお，濃尾平野に関しては，土地条件図，治水地形分類図，土地履歴調査地形分類図のほかに建設省（現国土交通省）木曽川上流工事事務所による河川地形分類図が刊行されている．この地形分類区分では，低地の部分は谷底平野，扇状地，自然堤防，河畔砂丘，後背湿地，旧河道，三角州などに区分されており，基本的には高等学校の教科書による区分に沿っている．この地形分類図は 1956 年刊行の木曽川流域濃尾平野水害地形分類図を作成した大矢雅彦によって作成されたもの（大矢・小池 1976）で，大矢によって作成された一連の水害地形分類図の多く（http://ecom-plat.jp/suigai-chikei/）は基本的にこの区分を踏襲している．

以上のように，氾濫原，氾濫平野に関しては用語の混乱があり，同じ地形に別の用語が使われたり，同じ用語がやや異なった使われ方をしたりしている．このような混乱は，それぞれの地形分類図の分類基準や凡例を決める際に，使用目的に応じた区分がなされ，それに対応する用語を十分に検討しないまま用いたことによると思われる．

本書では，第 II 章で述べたように，低地地形の区分については欧米の floodplain に相当する地形をきちんと示している高等学校の教科書に沿うかたちで氾濫原と表記し，河川によって作られた沖積平野として扇状地・氾濫原，その延長部の河川と海（湖）との相互作用によって形成された三角州，そして主として海の作用によって作られた海岸平野というように大きく区分し，それぞれについてさらに詳しく検討するという形で進める．また，

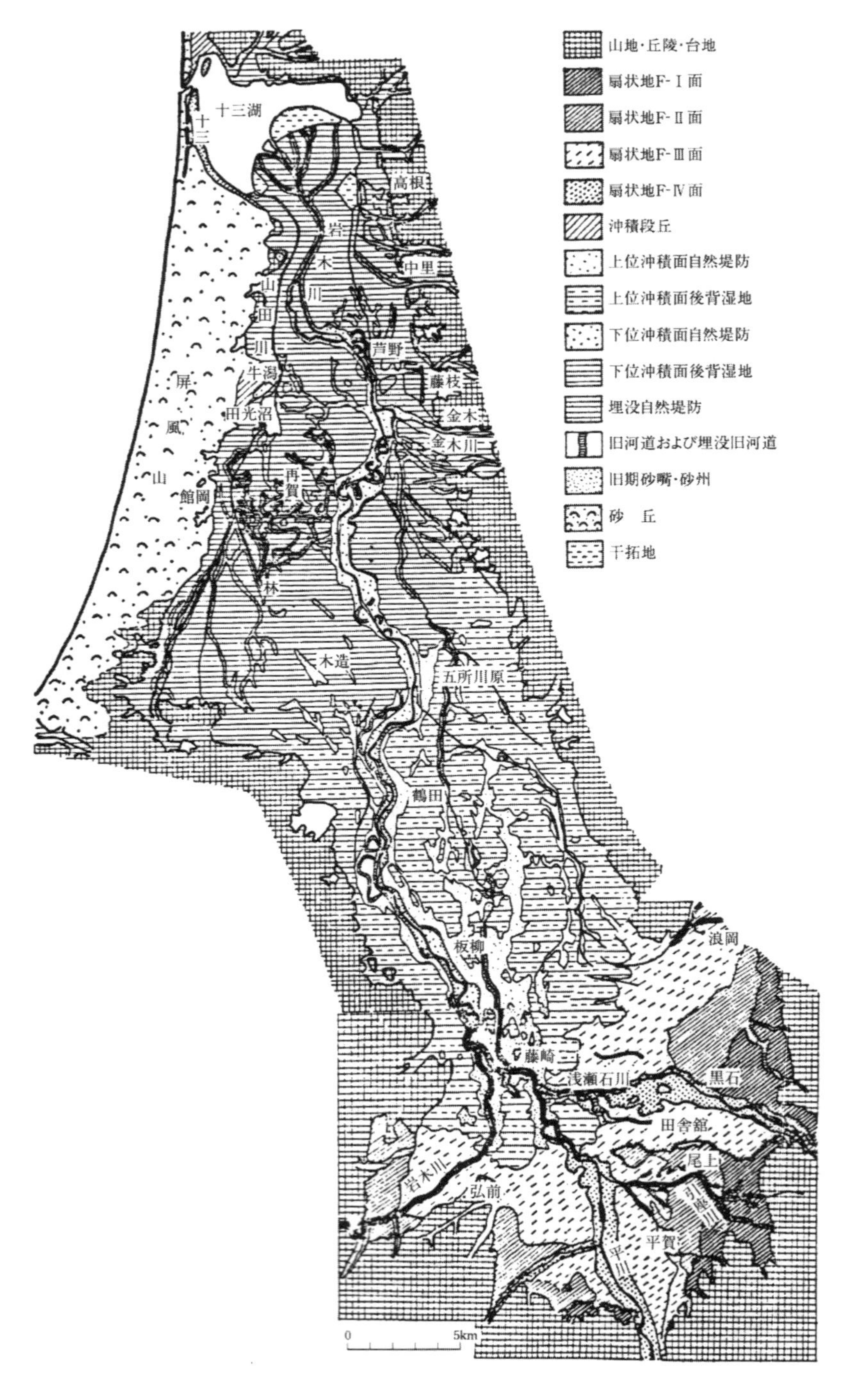

図 III-2-8　津軽平野の微地形分類図（海津 2005）
この図では，地形発達を考慮した地形区分が行われている．

細かい用語の違いについては高校教科書を基本とし，必要に応じて各種微地形分類の地形区分名を示すことにする．

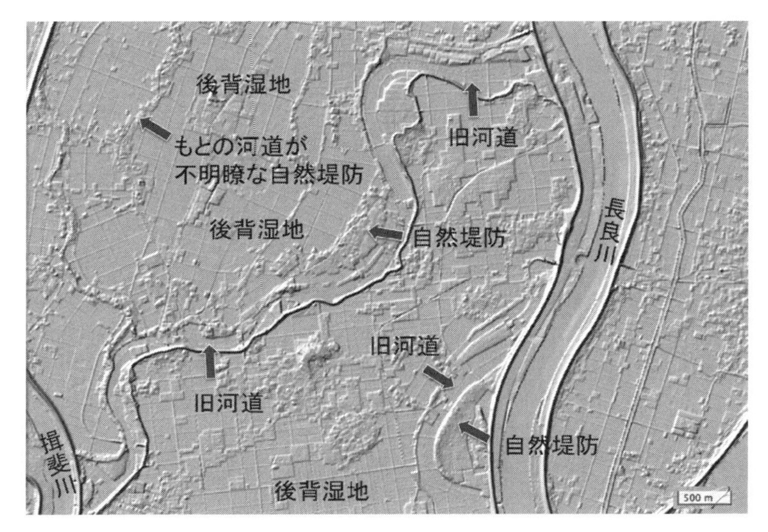

図 III-2-9　地形陰影図で見た濃尾平野の氾濫原に見られる微地形

III-2-3　自然堤防

氾濫原を特徴付ける微高地としては，まず自然堤防をあげることができる．台風や集中豪雨などによる著しい降水は，しばしば洪水を引き起こす．洪水時には，河川は多量の土砂を浮流物質や掃流物質として運搬する．それらは河川水が河道から溢れなければ河道内を下流に向けて移動するが，河岸の部分が破壊されたり河川水が河岸の高まりを乗り越えたりすると，運搬されてきた土砂が河川水と共に河道からあふれて河道の周囲に堆積することになる．氾濫水の水深は河道を離れると一気に浅くなり，流速も弱まる．そのため，河川の土砂運搬能力は一気に弱まり，河道に近い部分に砂質の洪水氾濫堆積物が堆積して河岸に沿った高まりが形成される．自然堤防はそのようなことの長い間の繰り返しによって河道に沿う土地が連続的な微高地となったものである．また，自然堤防の堆積物は前述のように河川の洪水氾濫によって堆積した土砂からなり，比較的淘汰の悪い砂やシルト・粘土からなる．わが国では自然堤防を構成する堆積物は，多くの場合は砂質シルトとなっているが，河道に近い所では洪水時に運ばれた小礫を交えることもある．

自然堤防は，基本的には河川の氾濫に伴って河道沿いに形成された微高地であり，河川によって運ばれてきた土砂が洪水の際に洪水流と共にあふれて河岸に沿って堆積してできた地形である．ただ，自然堤防の場所は河川の洪水・氾濫時に相対的に水没を免れやすく，比較的早く離水することが多いため古くから居住の場所として選択され，土壌が砂質であることが多いために畑地や果樹園として利用されてきた．一般に土地の高さは背後の後背湿地よりやや高く，後背湿地との比高は１～２ｍあるいはそれ以下の所が多い．日本などの伝統的な稲作地域では水田のひろがる後背湿地に対して，自然堤防の部分は集落や畑地として利用されていて，その違いは明瞭である．

ところで，自然堤防は河川の氾濫に伴って河川沿いに形成された微高地であるとしたが，氾濫原の地形分類作業をしていると現在の河川沿いでない場所にも自然堤防と思われる微高地が数多く存在していることに気づく．それらのなかには過去の河川の河道沿いに形成

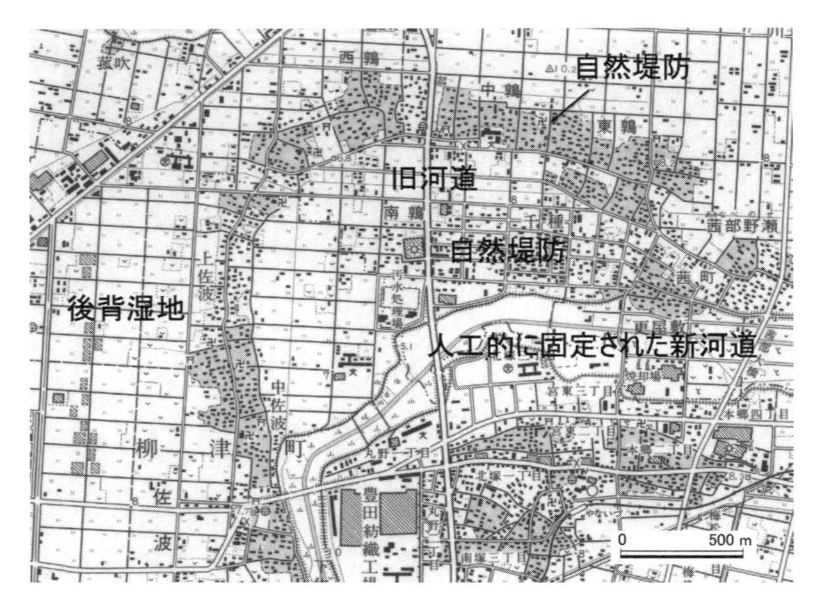

図 III-2-10　1988 年発行の 2 万 5,000 分の 1 地形図「岐阜西部」に示された自然堤防
耕地整理が行われているため，明瞭な旧河道の地形は残っていない．

写真 III-2-3　濃尾平野の自然堤防と後背湿地（2006 年 6 月撮影）
正面の畑やその背後の集落が立地する自然堤防と手前の水田のひろがる後背湿地との違いが明瞭である．

されていて，比較的連続性が良いものもあるほか，旧河道を認定することができない場所に島状に分布していて連続性があまり認められない例も多い．

地形分類作業においては，現在の河川の流路や旧河道との位置関係を考えながら自然堤防を認定していくが，連続性が不十分である微高地も過去の河道に沿って形成されたと考えられるものが多く，氾濫原では河畔砂丘や埋没しかけている低い段丘面などの微高地を除いて低地の微高地は自然堤防に分類されることが多い．なお，それらの場所には集落が

写真 III-2-4 鬼怒川水害によって破堤した鬼怒川河岸の人工堤防（2016 年 3 月撮影）
この人工堤防をのせて両側にひろがっている土地が自然堤防である．

立地していることが多いため，空中写真判読では単に家屋の高さのために高くみえるのか，土地の高さがやや高い微高地であるのかがわかりにくい場合も多い．ただ，実際に現地に出かけてみると，そのような土地の多くは周囲の水田に比べて数十 cm ほど地盤が高く，微高地であることが確認できる．とくに，古くからの集落はそのような微高地に立地している例が多く，氾濫原に住もうとする人々は伝統的に洪水時のことや水はけのことを考えてそのような周囲よりわずかに高い土地を選んで居住してきたとことがわかる．

なお，自然堤防と後背湿地との高さの差（比高）に関しては，前述したように一般的には 1 〜 2 m あるいはそれ以下のものが多いが，盆地部や上流域の土砂生産量が多い河川に沿う場所などにおいて数 m を超えるものもあるとされている（籠瀬 1975）．また，自然堤防の分布形態や平面パターンには Umitsu（1985）がベンガル低地で示したようにさまざまなものがあるが，わが国における自然堤防の多くは幅が数百 m 以内であり，新潟平野の中ノ口川沿いの自然堤防のように河道に沿ってほぼ同じ幅で連続的に発達する自然堤防や，河川の蛇行などに伴って断続的に分布してその幅を変えたりする自然堤防もある．

III-2-4 ポイントバー

氾濫原を流れる河川は蛇行していることが多いが，蛇行部では河川の流れの強い流心の部分が河道の屈曲の外側に寄るため，屈曲の外側部分の河岸の侵食が進む．これに対して，屈曲の内側の部分では流れが弱く，河川が運搬してきた土砂の堆積が進む．このような蛇行屈曲の内側の部分において，土砂の堆積に伴う馬蹄形の平面形をもつ微高地が作られることがあり，そのように形成された微高地をポイントバーとよんでいる．ポイントバーは基本的には自然堤防の一種であると考えられるが，下流に向けて連続せず，平面形が馬蹄形あるいは貝殻表面の年縞のような独特の特徴をもっていることなどから自然堤防とは区別される．一般的に蛇行河川の屈曲部に見られることが多いが，洪水時には河川水によっ

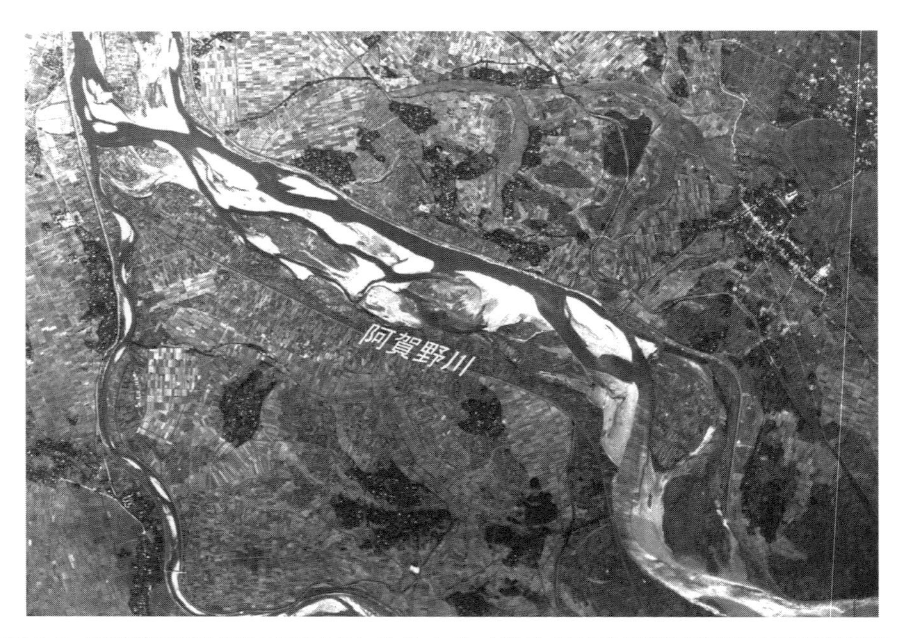

写真 III-2-5　馬蹄形旧河道とそれらに囲まれたポイントバーが数多く存在する越後平野東部の阿賀野川河岸（米軍空中写真 M11-3-2-33，1952 年）

て洗われることもあるため，堆積物は一般的な自然堤防よりやや粗粒で，地表下には以前の河床堆積物が堆積していることが多い．わが国ではとくに，新潟平野の阿賀野川河岸などにおいて，多数のポイントバーが顕著な流路跡に囲まれて分布しているほか，第 I 章で扱った多摩川の下流低地でも，明治期の地形図などをみるとポイントバーと推察される地形が数多く見られる．

III-2-5　後背湿地

自然堤防の背後には，洪水時に溢れた泥水が運んだ泥質な堆積物の堆積する低平な土地がひろがる．このような土地は自然堤防の部分に比べて低く，平坦な地形をなし一般に水はけが悪い．そのような土地を後背湿地とよび，その多くはほかの河川や旧流路沿いに発達した自然堤防などに囲まれた排水不良地となっている．なお，公刊された地形分類図では，後背湿地のなかでとくに低湿な部分を区別し，一般的な後背湿地を氾濫平野，氾濫原低地などとして区分した上で，とくに低湿な部分を表 III-2-1 で示すように湿地や後背湿地として区別しているものもある．また，沖積低地の微地形や堆積物を詳細に検討した Russell などによるミシシッピデルタにおける研究のように，欧米では湿地林が見られる場所を backswamp，樹木の見られない湿地の部分を backmarsh として区別することもある（Russell 1936，1967）．

後背湿地の堆積物は，洪水・氾濫によって溢れた泥水が湛水し，泥質な堆積物を堆積して発達してきたため，基本的には細粒の粘土やシルトによって構成される．地下水位は極めて浅く，東南アジアや南アジアなどの雨季と乾季がある地域のように数カ月にわたって水没した状態になる所もある．また，地下には泥炭層が発達することもあり，地中の植物を

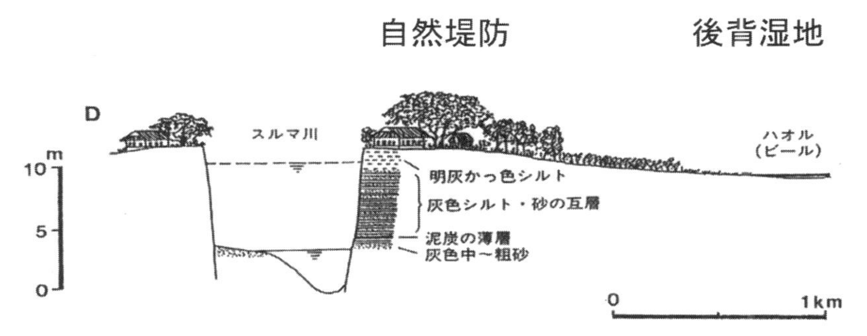

図 III-2-11　ガンジスデルタにおける自然堤防と後背湿地の模式図（海津 1997）

写真 III-2-6　上空から見たガンジスデルタの自然堤防と後背湿地（1983 年 11 月撮影）

写真 III-2-7　ベトナム中部 Thu Bon 川低地の後背湿地（2009 年 9 月撮影）
遠景の民家や樹木が連なってみえる所は自然堤防．

分解するバクテリアの活動が不活発な寒冷地域や，バクテリアの活動以上に植物生産の活発な熱帯地域などでは厚い泥炭層が形成されている所がみられる．わが国では，石狩平野や釧路平野などにおいて顕著な泥炭層が発達しており，石狩平野ではその厚さが最大 7 m にも達している．また，石狩平野やサロベツ原野（天塩平野），津軽平野などでは戦時中に燃料として泥炭の採掘が行われていた．

稲作が古くからおこなわれてきた東アジアや東南アジア，南アジアなどの地域では後背湿地は伝統的な稲作地として利用され，自然堤防の部分との土地利用の違いが顕著である．

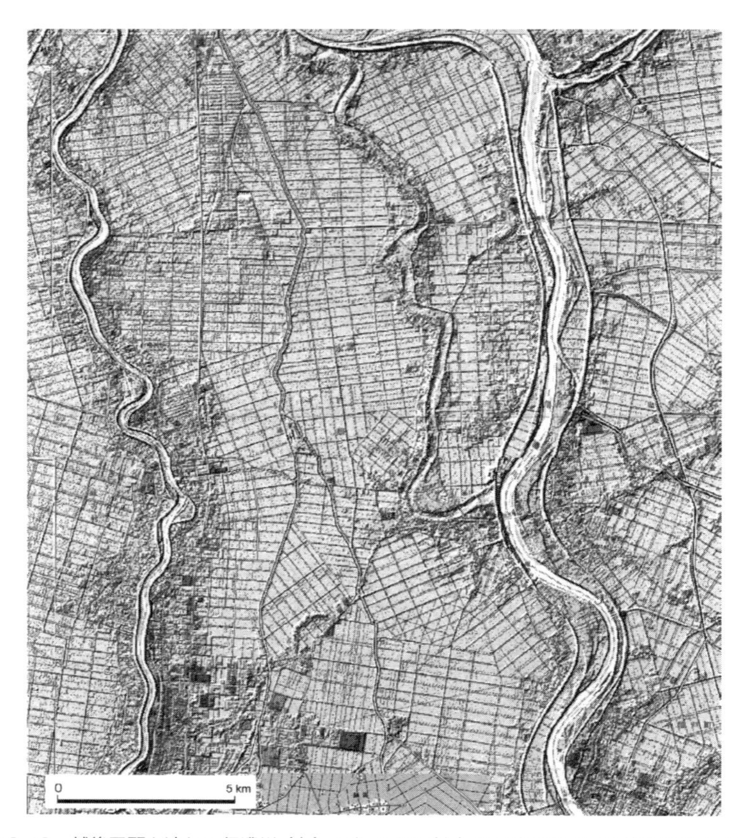

図III-2-12　越後平野を流れる信濃川（右）と中ノ口川（左）の河岸に発達する自然堤防と後背湿地
集落の立地する自然堤防の部分と矩形の区画の水田がひろがる後背湿地との土地利用の違いが明瞭.

このような地域では一般に自然堤防上に集落や畑などが分布し，後背湿地には水田がひろがるということがよく知られている．ただ，世界的にみると，自然堤防には集落や畑などが立地するものの，後背湿地の部分は湿地や荒れ地として残されている所も多い.

一般に，氾濫原では洪水・氾濫の際にはわずかな土地の高さの違いが浸水・湛水深の違いを引き起こし，後背湿地では湛水しやすく，浸水深も相対的に深くなる．ただ，わが国の大都市近郊地域のように都市域の拡大に伴って宅地化が進んでいる所も多く，盛土などがおこなわれることによって自然堤防との土地の高さが明瞭でない所も多くなっている.

III-2-6　旧河道

沖積平野では，河川によって洪水・氾濫が繰り返し引き起こされ，上流域から運ばれてきた土砂が堆積して地形が形成される．そのような過程で河川はしばしば流路を変え，新たな河道が形成され，古い河道は放棄される．また，人工的に新たな河道が作られることによって古い河道の一部が放棄されることもある．そのような放棄された河道を旧河道，旧河道を流れていた以前の流路を旧流路とよぶ．沖積平野の地形は洪水・氾濫が繰り返されて形成されてきたため，旧河道も古いものから新しいものまでさまざまな時期のものがある．一般に新しい旧河道ほど明瞭で古いものの方が不明瞭であるが，新旧河川の規模や河川の

写真 III-2-8　岐阜県岐阜市と羽島市の境を流れる境川の蛇行跡を示す馬蹄形の旧河道（2002 年 8 月撮影）

運搬土砂量の違いによって必ずしも古いものが不明瞭であるとは言えない場合もある．

氾濫原における旧河道の多くは，蛇行河川の一部だったものが元の河川から切り離されたものである．とくに，石狩平野で顕著に見られるように，蛇行河川の河道が接合したり，捷水路の建設などによって放棄されたりした部分では馬蹄形の流路跡を残すことがあり，このような部分が埋積されずに水域として残っているものはその平面形から三日月湖あるいは牛角湖とよばれている．

写真 III-2-8 は，岐阜県岐阜市と羽島市の境を流れる境川の蛇行跡の旧河道を示したものである．旧河道の部分にあったと推定される三日月湖は，1894 年の地形図においてすでに埋積されていて，地形図では一部が水田となっているが，現在は牧場の一部などとなり，畑や竹林へと変化している．なお，境川自体の流路は 1586 年以前の木曽川の流路の一部であったとされる（大矢 1979）．また，現在の岐阜市と羽島市の境界は旧河道に沿って大きく迂回している．

旧河道の形成時期については，古地図や旧版地形図などで示される流路が現在でも旧河道の地形として認められることが多い．なかには名古屋市東部の富田地区に見られるように，鎌倉時代の円覚寺絵図に描かれている河川の流路が現在も地形図上で確認できるといった例もある（安田 1971，海津 2012）．ただ，一般には古い河道の多くはそれ以後の新しい堆積物によって埋積されていて，現在の地表部には存在しないものも多く，遺跡の発掘などによって確認される場合には埋積浅谷（井関 1974，小野ほか 2001）とよばれる（写真 III-2-9）．

旧河道は流路が放棄されたのちに泥質堆積物によって充填されているものが多く，河岸の土地に畑や集落が立地するのに対し，水田や荒れ地として残されてきたものが多い（写真 III-2-11，図 III-2-12）．旧河道の幅については，一見すると元の河川に比べて幅の狭

写真 III-2-9　愛知県朝日遺跡の埋積浅谷（1987年3月撮影）
遺跡発掘現場で確認された埋積浅谷堆積物と堆積物を除去してシートがかけられている埋積浅谷.

写真 III-2-10　オーストラリア Shoalhaven 平野における湿地状態の旧河道（1994年7月撮影）

いものが多いようにみえるが，現在の河川の多くは堤防が建設されていて堤外地を含めて川幅と認識されるために広く感じ，旧河道は本来の河道の部分のみが川幅として認識されるために，それほどでもない印象を受ける場合が多い.

ところで，旧河道は河川が放棄されたあと次第に埋積される．水田化などの人為的な土地利用が進む以前は顕著な湿地の状態になっていることが多いが，日本の多くの平野では水田化されていてそのような状態をみることが少なく，旧河道の部分が軟弱な地盤であることを意識することが少ない．しかしながら，写真 III-2-10 に示すように諸外国では，旧河道の部分が未開発のまま残されている地域も多く，タイの中央平原では農地のなかに

写真 III-2-11　水田として利用されている濃尾平野の旧河道（2012 年 2 月撮影）

写真 III-2-12　旧河道の河岸から見た湿地状態の河道跡（2019 年 2 月撮影）
手前の白っぽい土地が旧河道の河岸，正面の水たまりや湿地性の植物が繁茂している広い部分が河道跡．

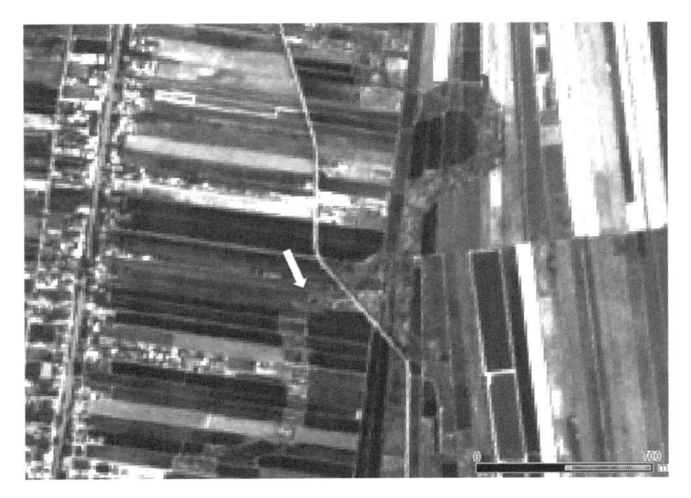

図 III-2-13　Sentinel-2 衛星画像で示されたタイ中央平原の旧河道
矢印は写真 III-2-12 の地点を示す．

蛇行する旧河道が多数見られる（図 III-2-13）．現地に行くと，それらの場所は両岸の土地より 1 m 程度低く，湿地のまま残されていて水はけの悪い軟弱地盤であることが明瞭である（写真 III-2-10，写真 III-2-12）．

ところで，北海道の道央には約 3,800 km^2 のひろがりをもつ広大な石狩平野がひろがる．石狩平野の中央には石狩川が流れ，北から雨竜川，東から空知川，幾春別川，夕張川などが合流し，南部では広い氾濫原をもつ千歳川が南東から合流して石狩湾に注いでいる．平野の西部には札幌市の市街地をのせる豊平川扇状地が分布するほか，石狩湾に面した地域には紅葉山砂丘や花畔低地帯とよばれる砂堤列からなる海岸平野の地形がひろがる．また，石狩平野の南には支笏降下軽石流が堆積してできた台地や丘陵を境として苫小牧の地域にひろがる勇払平野が存在し，石狩平野と勇払平野の低地帯は総称して石狩低地帯とよばれている．

この石狩平野を流れる石狩川の流路は，以前は著しく蛇行していて，明治期の石狩川の流路延長はおよそ 364 km にも及んでいた．とくに滝川の北に位置する雨竜川との合流部付近から岩見沢の西に位置する幾春別川との合流部付近にかけての地域では，河道の屈曲が顕著であった．その後，人工的な捷水路の建設によって，河川の直線化が進み，現在の幹線流路長は 268 km ほどに短縮され，取り残された旧河道は三日月湖（牛角湖）として現在も残っているものが多い．

図 III-2-14　石狩平野と勇払平野のひろがる石狩低地帯の地形概観（ALOS DEM により作成）

石狩川平野の主要部をなす石狩川の氾濫原は，石狩川やその旧河道に沿って形成された自然堤防や背後の後背湿地などの地形からなる．また，蛇行が短絡化されることによって本川と切り離されてできた三日月湖（牛角湖）も顕著に分布する．三日月湖はとくに空知地域に顕著にみられ，旧版地形図には短絡化される前の河道の様子が良好に示されている（図 III-2-15）．

なお，現在の石狩川は堤防と堤防とにはさまれた堤外地の幅が 500 ～ 700 m にも及ぶが，河道部分の幅はおおむね 200 m 程度である．馬蹄形の凹地や三日月湖として残された旧河道の部分をみると，捷水路の建設など人為的なコントロールがおこなわれる前の河道の幅もおおむね 150 ～ 200 m 程度であり，そのような旧河道に沿って見られる自然堤防の幅は 100 ～ 150 m 程度のものが多い．

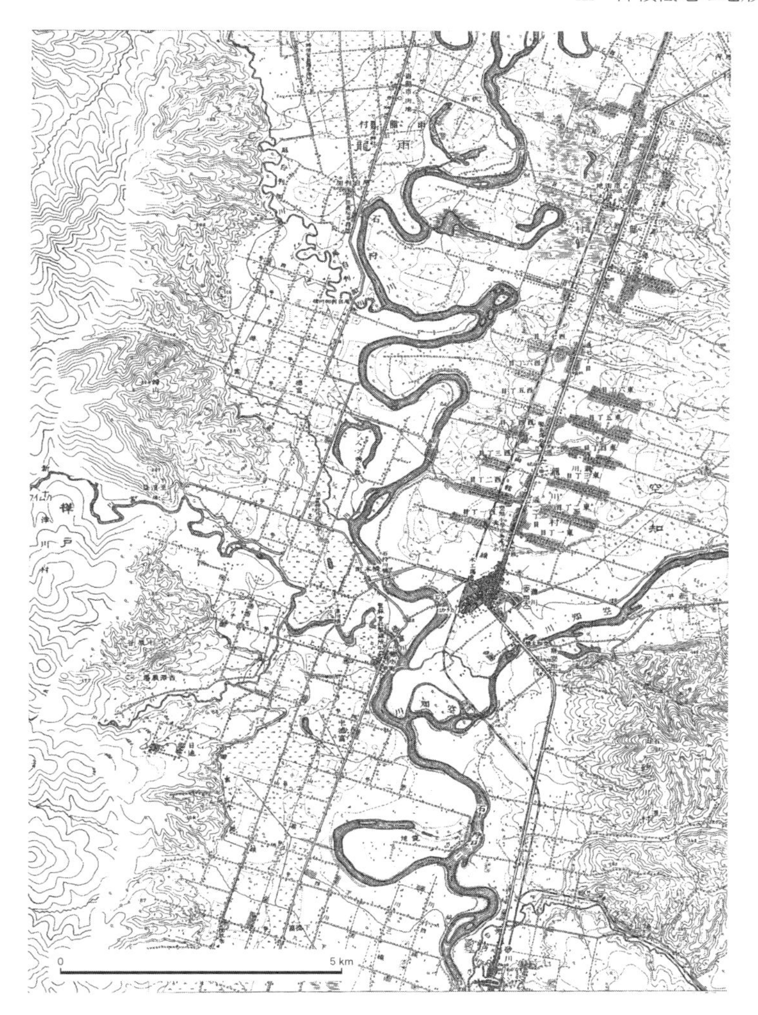

図 III-2-15　1911 年発行の 5 万分の 1 地形図「滝川」に示された石狩川の蛇行と三日月湖

写真 III-2-13　新十津川町花月の石狩川河道跡にみられる三日月湖（1988 年 11 月撮影）

また，その比高も 1 m 以下のものが多く，本来の石狩川本川の河道がそのまま現在の河道となっている所では，河道に沿う自然堤防の大部分が現在の堤外地の範囲に入ってしまっている所も多い.

なお，これらの氾濫原に見られる旧河道のほか，第 III 章 2 節 1 項で述べたように．旧河道は扇状地にもみられる．扇状地に見られる旧河道は，扇状地面における旧砂礫堆を間にはさむ網目状の旧河道や，直線化した河道の両岸に屈曲した蛇行跡の一部として存在するもの，本流や支流から枝分かれして別方向に延びるもの，枝分かれして流れたのち再び本流や支流に合流するものなど各種のタイプが認められる．木曽川扇状地における一之枝川，一之枝川などの木曽川派川の旧河道は周囲の地域に対して 2 〜 3 m 低く，かなり顕著な谷地形をなしている.

III-2-7　天井川

わが国の河川の多くは洪水・氾濫を防ぐために堤防が建設されていて，人為的な河道の固定がおこなわれている．このような場所では堆積場が河道部分に限られ，とくに扇状地や扇状地から連続する自然堤防の部分などにおいて河床上昇が発生する．堤防が作られるようになった初期には，甲府盆地の釜無川沿いに作られた信玄堤のように霞堤とよばれる雁行状の堤防が建設されていたが，土木技術が進むと連続堤が建設されるようになる．連続堤が建設された扇状地の河川では河床上昇がとくに顕著で，更なる堤防のかさ上げによって周囲に比べて河床が著しく高くなり，比較的規模の小さな扇状地などでは著しい天井川をなすものも多い（写真 III-2-14)．とくに，上流域に花崗岩が分布する地域などでは，上流域からの土砂供給が盛んであるため顕著な天井川が見られる所が多く，中国地方では鉄穴流しによって天井川が顕著に形成されたとされる（貞方 1985).

図 III-2-16　木津川に合流する天井川の不動川・天神川を示す陰影図
矢印は写真 III-2-15 のトンネル.

写真 III-2-14　木津川低地へ流れる天井川の不動川（2017 年 4 月撮影）
右側の不動川河床と左側の民家の屋根の高さの差に注目.

写真 III-2-15　不動川の下をトンネルでくぐる JR 奈良線（2017 年 4 月撮影）

なお，鉄道や道路が河川と直交する方向に走っている場合には，写真 III-2-15 に示すように鉄道や道路が河床の下をトンネルでくぐり抜けている例もあり，養老山地の東麓を走る養老鉄道や木津川下流部の JR 奈良線などの事例がある.

III-2-8　河畔砂丘

河岸に形成された砂丘を河畔砂丘とよぶ．海岸砂丘は海岸の浜から風によって飛ばされた砂が堆積した地形であるのに対し，河畔砂丘は河川の上流から運ばれてきた砂が河岸に堆積し，風によって吹き上げられて形成されたものである．わが国では利根川の旧流路に沿って形成された埼玉県加須付近の志多見砂丘などからなる会の川砂丘，久喜市の鷲宮砂丘（新井砂丘・西大輪砂丘），杉戸町の高野砂丘などが顕著であり，また，濃尾平野中央

写真 III-2-16　木曽川河岸の河畔砂丘（稲沢市祖父江町にて 2002 年 7 月撮影）

部の木曽川左岸に沿って形成された祖父江の河畔砂丘なども比較的規模の大きな河畔砂丘として知られている．また，2015 年の常総水害において溢水地点の 1 つとして注目された鬼怒川河岸の河畔砂丘などもある．

これらの河畔砂丘の形成には，砂丘砂となる比較的粒径の揃った砂が露出して堆積していることが必要であり，多くの場合河原または中州の砂がその供給源になる．また，乾燥した強い風が卓越することも必要であり，関東地方では冬季に関東山地を越えて吹いてくる「赤城おろし」などの「空っ風」が河原などから河畔に砂を巻き上げて砂丘を形成する役割を果たしており，濃尾平野でも冬季の「伊吹おろし」とよばれる北西季節風が砂丘形成に大きな役割を果たしてきたと考えられる．なお，河畔砂丘を形成する砂は粒径の比較的揃った淘汰の良い砂であり，2 〜 3 列の砂丘列がみられる所もある．また，砂丘の表面は砂が露出している所もあるが，松林などの植生に覆われている所も多い．

III-2-9　押堀

洪水時に破堤すると，激しい流水の浸食によって河岸の堤防が破壊されたり，微高地が侵食されたりして強い水流による凹地が形成される．このような凹地を押堀（おっぽり）とよぶ．堤防の破壊などによって作られた押堀のうち，規模の小さいものは堤防の修復の際に埋め戻されることが多いが，比較的規模の大きなものはそのまま放置され，池として残るものもある．

濃尾平野西部では，繰り返して発生した破堤に伴って多くの押堀が形成されており，安藤（1988）は地籍図による検討からその数は 1,000 を超えるとしている．それらのうちのいくつかは現在でも池として残っていて，岐阜県海津町勝賀の大池や 1888 年の水害の際に大垣市曽根町の大垣輪中において決壊によって形成された切所池などが知られている．また，押堀が形成された所では，その先に掘りあげられた砂が破堤堆積物として堆積していることがあり，安藤（1988）はそれを砂入りとよび，押堀と砂入りがセットとしてみられる所があることを指摘している．

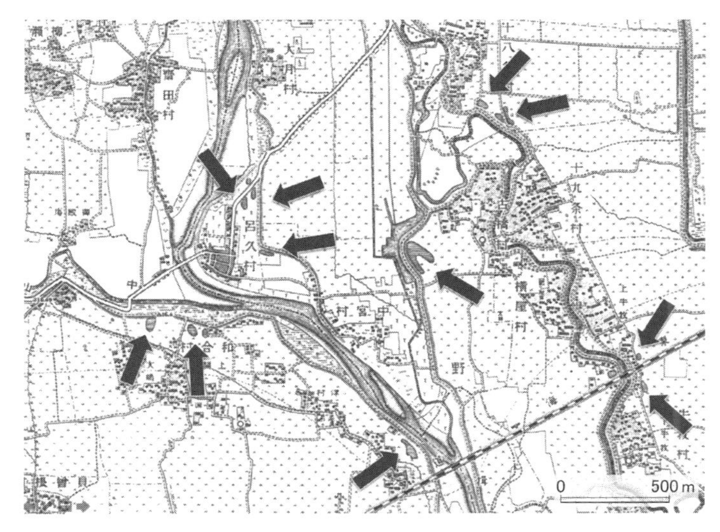

図 III-2-17　押堀と思われる池が多数分布する 1893 年発行の 2 万分の 1 地形図「大垣」（部分）

写真 III-2-17　西日本豪雨の際に形成された倉敷市真備町末政川左岸の押堀（2018 年 9 月撮影）

押堀は顕著な破堤が発生したときに形成されるが，2018 年の西日本豪雨の際にも岡山県倉敷市真備町において小田川支流の末政川の破堤に伴って顕著な押堀が形成された（写真 III-2-17）．

III-3　谷底平野

谷底平野は，台地や山地・丘陵を刻む谷の谷底に形成された比較的平坦な細長い低地である．谷底平野の両側には山地・丘陵の斜面や台地の崖が連続するが，険しい山間地域では一般に下方侵食が卓越しているため，谷底が河床となっている場合が多く，谷底平野はあまり顕著でない．また，山間部においてやや広い河谷をもつ谷の場合には，河岸に段丘が発達していることが多く，谷底平野のみが連続的に分布する例は少ない．これに対して起伏のあまり大きくない山地や丘陵・台地を刻む谷の谷底には，比較的良好に谷底平野が発達する．とくに，丘陵は新第三紀鮮新世や第四紀更新世の未固結あるいは，固結度の低

図 III-3-1　平成 29（2017）年 7 月九州北部豪雨で大きな被害を出した大分県日田市の大肥川谷底平野

写真 III-3-1　多摩丘陵の小規模な谷底平野（田園都市線の車窓から 1982 年 6 月撮影）
東急田園都市線あざみの駅ができる前のたまプラーザ＝江田間にみられた谷底平野．

い堆積物が侵食によって本来の堆積原面を残さずに 100 ～ 300 m 程度の高度をもつ起伏のある地形となったもので，関東南部の多摩丘陵，関西の千里丘陵などが代表的なものとして知られている．

これらの低い山地や丘陵を刻む谷の多くは樹枝状の平面形を持ち，数十mから数百mあるいはそれ以上の幅をもつ谷底平野が発達していることが多い（図 III-3-1，写真 III-3-1）．なお，丘陵地などでは谷の最も奥にあたる谷頭部で湧水がみられることが多く，湧水地特有の植生が分布していることもある（富田 2008）．この最上流部の谷は下流に向けてのび，谷の側方侵食や土砂の堆積などにより，谷幅がひろがる．

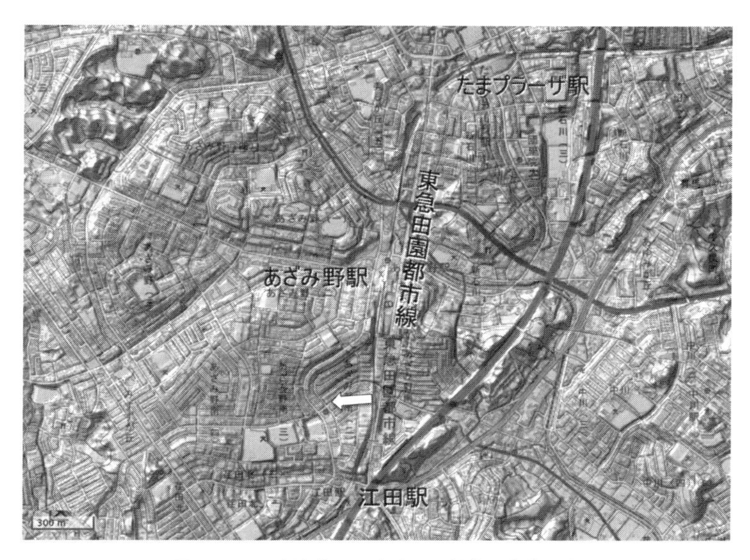

図 III-3-2　都市化した多摩田園都市の多摩丘陵
大規模な土地改変がおこなわれた地域であるが本来の丘陵地や谷底平野の地形が残っている．矢印は写真 III-3-1 の撮影地点である．現在は市街地と化しているが，陰影起伏図からは谷地形を読み取ることができる．

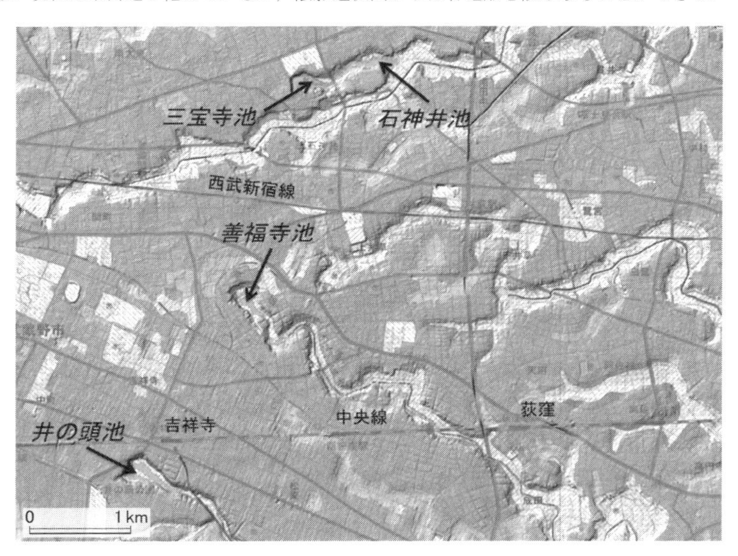

図 III-3-3　武蔵野台地に樹枝状に発達する谷底平野
土地条件図（数値地図 25000）に陰影図を重ねて表示．

なお，多摩丘陵や千里丘陵などでは大都市郊外の都市化に伴って大規模な土地改変が進んだが，大局的には本来の起伏を反映した形で開発が進んでいる所が多く，図 III-3-2 に示すように谷地形や谷底平野の地形が残っている所も多い．

一方，台地にも山間部の谷底平野と同様に谷底平野が発達する．ただ，それらの多くは勾配が緩く，下流に向けての谷幅の変化は比較的大きくなく，細長い帯状の平面形をもっているものが多い．武蔵野台地では石神井川，妙正寺川，善福寺川，目黒川，呑川など数多くの小河川が台地を刻んで東に向けて流れており，それぞれの河谷には顕著な谷底平野

写真 III-3-2　武蔵野台地東南部を刻む呑川支谷の谷底平野を堰き止めて作られた洗足池（2019 年 5 月撮影）

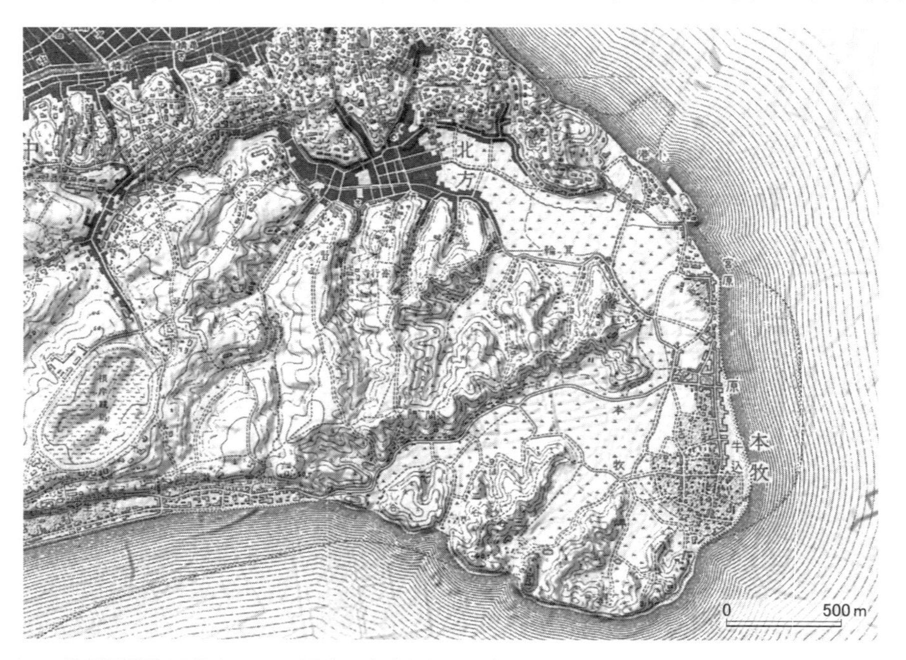

図 III-3-4　地形陰影図と重ねた 1908（明治 41）年発行の正式 2 万分の 1 地形図で示される横浜市本牧付近にみられる溺れ谷タイプの谷底平野

が発達している（図 III-3-3）．そのような谷底平野の谷頭部には湧水がみられる所もある．武蔵野台地の三宝寺池，善福寺池，井の頭池などはこのような湧水によって涵養された谷底平野を堰き止めて作られた池であり，大田区の洗足池も同様の起源をもつ池である．

ところで，武蔵野台地を刻む谷は下流側になると台地面との比高が大きくなる．それらの谷底平野の谷壁はゆるやかな斜面や顕著な崖をなしている所も多く，それらを横切る道路には名前のついた坂も多い．たとえば東京の渋谷では道玄坂，宮益坂，金王坂，八幡坂

写真 III-3-3　下総台地を刻む谷底平野に作られた谷津田（2007 年 7 月撮影）

などの多くの坂が存在するが，いずれも北から南東方向に流れる渋谷川の谷底平野に向けた坂となっており，渋谷駅付近は集中豪雨の際などに雨水が集中する可能性をもった場所であることがわかる．

山間地における谷底平野の堆積物は礫を多く含む砂礫質の堆積物からなることが多いが，丘陵や台地を刻んで形成された谷底平野堆積物は砂泥質であることが多い．とくに，後氷期の海進にともなって入り江状の溺れ谷となった臨海域の谷底平野では軟弱な泥層が厚く発達しており，陸化に伴って表層部に泥炭が形成されていることもあり，谷頭部では湧水が見られる所もある．なお，わが国における谷底平野の土地利用は，古くから水田に利用されている所が多く，灌漑用水を確保するために谷を横断する形で土手を築いてため池が作られている所も多い．

なお，谷底平野と氾濫原とはその形成プロセスの点では，河川の運搬土砂が堆積した地形という点で似たようなものであるが，地表面に自然堤防，後背湿地といった微地形が顕著に認められるものを氾濫原，微地形がとくに区分されないものを谷底平野とすることが多い．なお，台地や丘陵が良好に発達する関東地方などでは，古くから台地を刻む谷に形成された細長くのびる谷底平野を谷津（やつ）・谷戸（やと）・谷地（やち）などとよんでいる．

III-4　三角州

河川が海や湖などに流入する場所では，河川運搬物質が広い水域に向けて堆積し，三角州（デルタ）が形成される．とくに，河川が大きな湖や海域に流入する所では，河川の運搬してきた土砂が静水域に単純に堆積するのではなく，海域の波浪や沿岸流などの流れとの相互作用のもとに堆積し，河川運搬物質の種類と堆積場の水域の環境とに応じた三角州が作られる．そのため，三角州にはさまざまな規模・形態のものがあり，その平面形は円弧状，

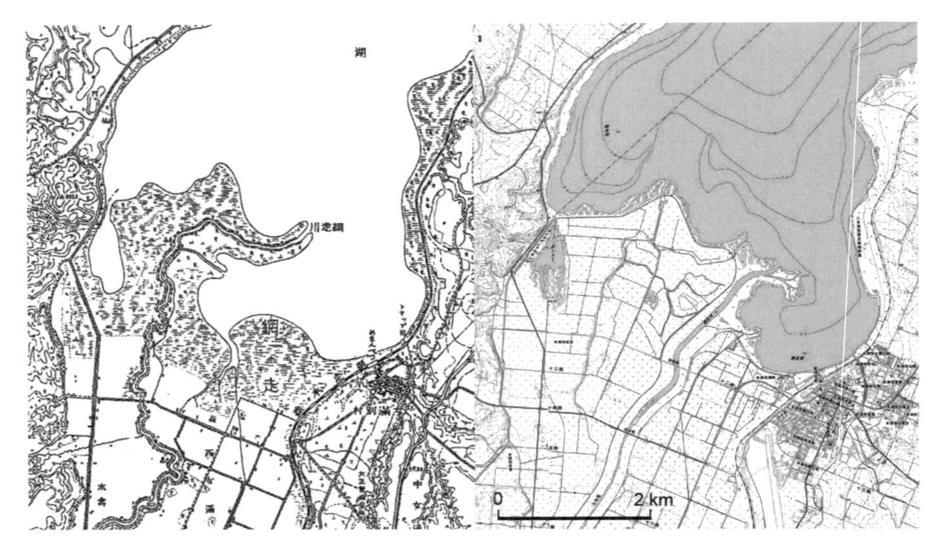

図 III-4-1　鳥趾状の平面形をなす網走川三角州

左は 1925（大正 1）4 年刊行の 5 万分の 1 地形図，右は最新の電子地形図による．

写真 III-4-1　インドネシアのジャワ島北西部に発達する鳥趾状三角州の先端部（2013 年 3 月撮影）

尖状，鳥趾状などさまざまなタイプに区別されている（井関 1972，鈴木 1998）．また，そのひろがりは 100 km を超えるガンジス川三角州（ガンジスデルタ）やニジェール川三角州などから，小河川の河口に発達した数kmあるいは数百mといった小規模なものまである．

図 III-4-1 は網走湖に注ぐ網走川の三角州を示す 1925 年および最新の電子地形図による地形図で，河口部に顕著な鳥趾状三角州が形成されている様子がわかる．両者が刊行されたおよそ 90 年間に河道の位置が変化しているが，新たに形成された河口部にも小規模な鳥趾状の三角州が形成されている．

鳥趾状デルタは比較的穏やかな水域に相対的に多くの河川運搬物質が堆積するような環境で形成され，日本では網走川三角州のほか干拓地が作られる前の青森県十三湖に注ぐ岩

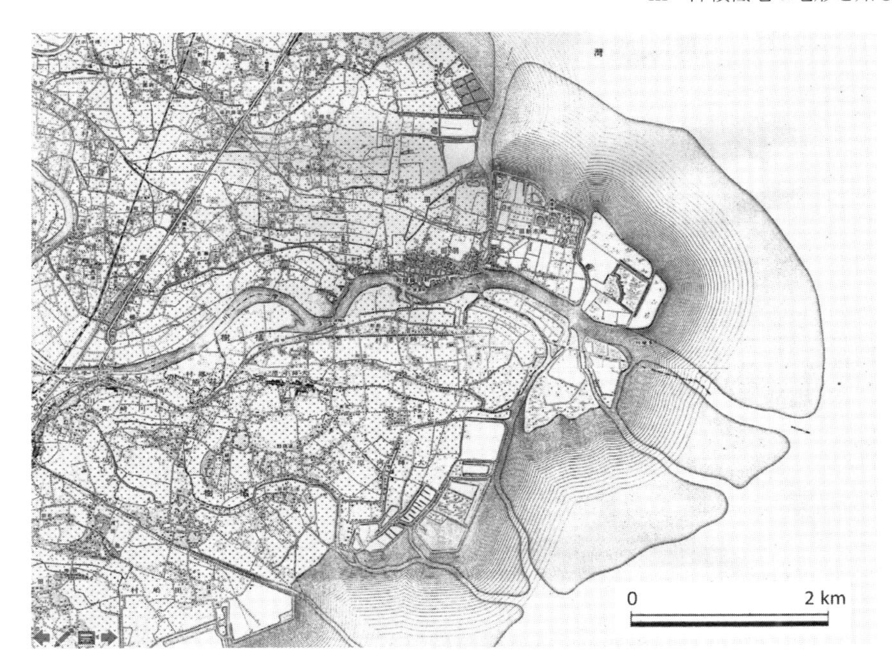

図 III-4-2　1908 年発行の正式 2 万分の 1 地形図で示される多摩川三角州

木川の河口付近にもみられた．典型的なものとしては，アメリカ合衆国のミシシッピ川三角州の例がよく知られているが，インドネシアのジャワ島北岸にも顕著な鳥趾状三角州が多数発達している．写真 III-4-1 はそのうちの 1 つであるシマヌク川三角州の先端部である．

一方，円弧状デルタはアフリカのナイル川三角州（ナイルデルタ）やニジェール川三角州がその典型として知られている．わが国では東京湾に注ぐ千葉県の小櫃川三角州が典型的な円弧状の形態をなしており，現在は海岸部に埋立地が作られているが，その概形は保たれている．また，東京湾の西側に注ぐ多摩川でも明治時代には図 III-4-2 に示すように顕著な円弧状三角州が発達していた．しかしながら，現在は度重なる埋立地の造成によって円弧状三角州の形はほとんど失われている．

なお，デルタの名称は「エジプトはナイルの賜」（ヘロドトス，松平訳 1971）と述べたギリシャの歴史家のヘロドトスが，ナイル川三角州に見られる分流（派川）間の土地の平面形がギリシャ文字の△に似ていることになぞらえて「デルタ」とよんだことに由来するとされている．

一方，尖状三角州（尖角状三角州）は突出した河口に向けて海岸線が八の字型をなす三角州で，イタリアのローマ市内を流れるティベレ川の三角州がその例として示されることが多い．また，さまざまな三角州が見られるジャワ島の北海岸でも顕著な尖状三角州が発達しており，コマル川の三角州は典型的な形態をなしている（図 III-4-3）．なお，わが国では天竜川の下流部が類似の平面形態をなすが，堆積物の点からすると本来の三角州に相当する堆積物は外洋に放出されていて，天竜川の場合は氾濫原が直接海に面した状態の平野であると考えられる．

三角州の形成は，河川の運搬物質とそれらが堆積する場と深く関わっており，堆積した

図 III-4-3　典型的な尖状三角州としてジャワ島北岸に発達するコマル川三角州（Sentinel-2 の画像による）

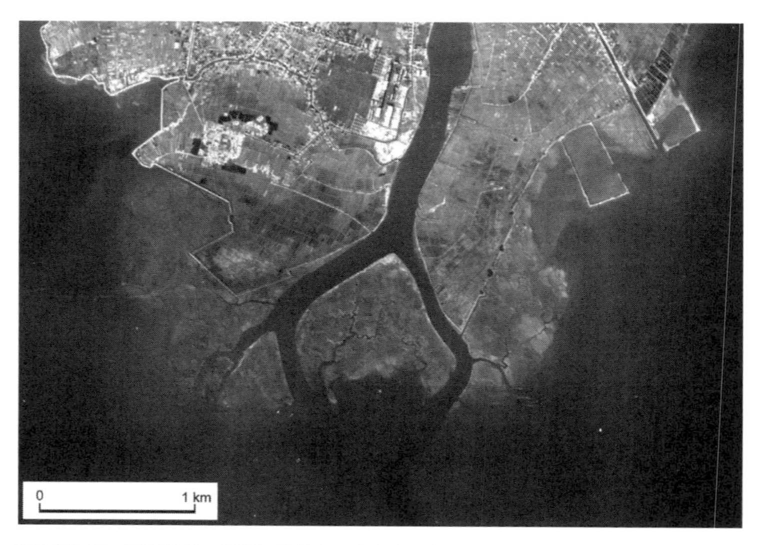

写真 III-4-3　東京湾北岸の旧江戸川三角州先端部を示す空中写真（1947 年米軍撮影 4 万分の 1 空中写真 M636-281）
三角州特有の枝分かれした派川と澪筋が示されている．なお，現在のこの場所は，東京ディズニーランド・ディズニーシーとなっている．

地層の構造も特徴あるものとなっている．わが国におけるように比較的粗粒な堆積物が下流部まで運搬される地域では，砂質堆積物が河口の前面に安息角をもって堆積し，泥質堆積物はそのさらに前面の湖底や海底にほぼ水平に堆積する．また三角州の地表面には洪水・氾濫によって陸成の氾濫原堆積物が覆っており，その堆積構造から，最上部の薄い沖積陸成層である頂置層（topset bed）とそれに覆われるやや厚い砂層からなる上部砂層（foreset bed），さらにその下位の底置層（bottomset bed）とよばれる海成の軟弱な泥層に 3 区分される．このような堆積構造はアメリカ合衆国西部において先駆的な研究をおこなった

写真 III-4-4　タイ国パンガー湾に面した小規模なデルタ先端部のマングローブ林（2006 年 6 月撮影）

G.K. ギルバートによって指摘されたもので，このような構造をもつ三角州はギルバート型三角州とよばれている．

三角州の海域に面した部分には，満潮時に海面下になって水域となる干潟が発達している．干潟は潮汐平野ともよばれ，とくに有明海沿岸など干満差の大きな海域に面して発達する地域では広大な干潟が発達する．また，写真 III-4-3 に見られるように干潟の表面には澪とよばれる屈曲に富む特徴的な水路が発達している．熱帯域の三角州縁辺部ではこのような干潟の部分にマングローブ林が形成されている所も多い（写真 III-4-4）．

一方，三角州の内陸側の部分は離水して薄い河成堆積物に覆われている．基本的にはほとんど起伏のない低平な土地がひろがるが，河道には洪水時に形成された自然堤防が見られる所もあり，そのような三角州では河道にはさまれた部分に沼沢地が顕著に見られる例もある．アメリカ合衆国のミシシッピデルタでは河道に沿う自然堤防が顕著に認められ，その背後にはいくつもの広大な水域が分布している．わが国でも排水路が整備され，耕地整理が進む前には著しい排水不良地が各地の三角州に分布していた．濃尾平野ではそのような排水不良地において櫛の歯のような水路を作り，掘り上げた土の部分で稲作をおこなうという堀田が数多く分布していたことが知られている（写真 III-4-5）．

ところで，三角州では縄文海進高頂期以降に内湾の埋積が進み，地表部の地形が氾濫原の特徴をもつ地域が広く分布している．公刊された地形分類図などではそのような地域を三角州とはせずに，自然堤防や後背低地などの分布する氾濫原や氾濫原低地の地形として区分されている例もある．また，干拓地として陸化した部分は近世あるいはそれ以前の時期には干潟であったと考えられるので，現在の地形だけからは氾濫原と海岸平野との境界を決めることが困難な地域も多い．そのような場所では明治期の地形図なども併用したり，場合によっては江戸時代などの古地図を参照したりするなどして地形分類作業が進められる．また，そのようにして決められた氾濫原と三角州との境界は地下の構造とは対応して

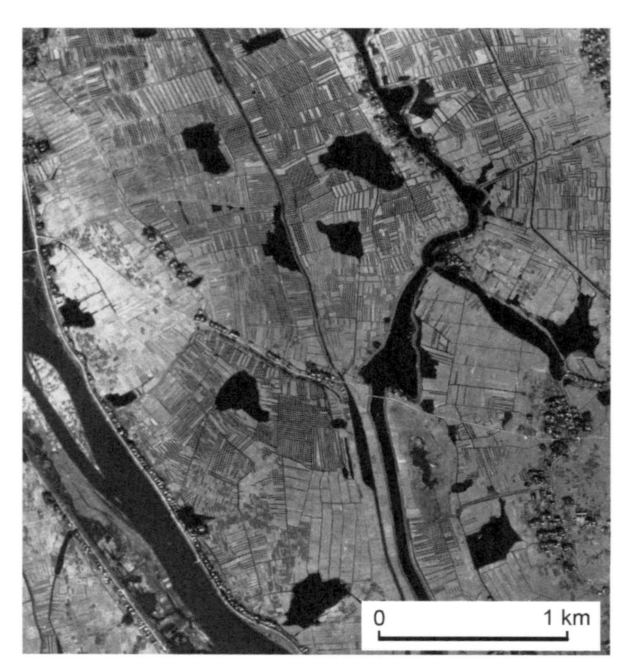

写真 III-4-5　濃尾平野南西部に存在していたおびただしい数の堀田と排水不良によって形成された多数の池（1947年米軍撮影４万分の１空中写真 M628-89．南西部を流れる河川は揖斐川）

いないことが多く，氾濫原に分類されているからといって軟弱な厚い泥質層が堆積していないということではない．

III-5　海岸平野

III-5-1　海岸平野概観

海岸平野は外洋や湾に面して発達する平野であり，その規模はさまざまである．欧米などでは海岸に面して発達する広大な平野も海岸平野とよぶことがあり，アメリカ合衆国東部のニュージャージー州からジョージア州南部にかけて連続するような長さが 1,000 km 以上に及ぶ広大な平野も海岸平野とよばれている．これに対して，わが国では外洋に面する浅海域の部分が縄文海進後に陸化して形成された地形を海岸平野とよんでいる．この時期は最終氷期に低下していた海面が地球規模の温暖化によって上昇し，現在の海水準に近づいたり，現在より高い海水準に達したりした時期以降の時期であり，陸側からの土砂供給と微妙な海水準変動によって浅海底が離水して陸化し，海岸平野が形成・発達してきた．この時期に主として河川の堆積作用によって形成された平野は沖積平野とよばれているが，海岸平野は主として浅海底が離水して形成されており，主として河川に沿う地域に河川の作用によって形成された沖積平野とは区別される．また，海岸平野は沖積平野に比べて背後の台地や丘陵までの奥行きが浅く，海洋や湾に面した間口が広い傾向をもつ．

わが国における海岸平野としてはサロベツ原野，勇払平野，仙台平野，九十九里平野（九十九里浜平野），浮島が原低地，伊勢平野などが知られており，石狩平野の石狩湾に面

図 III-5-1　典型的な海岸平野である九十九里平野（九十九里浜平野）の鳥瞰図（50 mDEM を用いて GRASS で作成）

した地域や神奈川県の湘南海岸地域，浜松市付近をはじめとする遠州灘沿岸の臨海地域などでも河川による沖積平野の部分に加えて浜堤列や砂丘が発達する海岸平野の性格をもつ部分が存在する．

海岸平野は，浅海底の離水あるいは，波浪や沿岸流などによる海成堆積物の堆積が卓越して形成された平野である．そのため，多くの海岸平野の地下には浅海あるいは内湾に堆積した粘土やシルトなどの軟弱な海成堆積物が厚く堆積していることが多く，それを覆って表層に形成された浜堤列や砂州・砂丘の砂質堆積物が堆積している．また，潟湖や潟湖起源の場所では表層の砂質堆積物を欠き，湖底に堆積していた軟弱な泥質堆積物が厚く堆積しているところが多い．

なお，越後平野では，縄文海進高頂期には現在の沖積平野のかなりの部分が海域あるいは潟湖となっており，その後の信濃川・阿賀野川などの河川による土砂堆積と砂州・砂丘の発達とによって現在の平野部が形成され，当時の海岸線を示す砂堤列や砂丘列が発達している．拡大していた潟湖を埋積して形成された越後平野では低平な地形や堆積物が三角州と類似の性格を持ち，鳥屋野潟，福島潟，鎧潟などの多数の潟とよばれる沼沢地が分布していた．それらの多くはその後の土地改良で広大な水田へと変化したが，福島潟や鳥屋野潟など一部は現在も水域として残っている．

海岸平野には，次に示すような浜堤・砂州（砂嘴）・砂丘などさまざまな堆積地形が認められる．

III-5-2　浜堤・堤間低地・堤列平野

砂浜海岸には浜として区分される砂浜や礫浜がひろがるが，台風による暴浪時など通常より激しい波の作用が働く場合には浜の背後に砂や礫からなる微高地が形成される．そのような微高地は浜堤とよばれ，海岸線に並行してのびる帯状の高まりをなす（写真 III-5-1）．

写真 III-5-1　愛媛県佐島海岸の浜堤（2016 年 8 月撮影）

写真 III-5-2　上空から見た九十九里平野（九十九里浜平野）の浜堤列（1990 年 8 月撮影）
濃い暗色となっている部分が集落や畑が立地している浜堤列で，灰色の部分が浜堤列間の堤間低地に相当する部分で，土地利用は水田となっている．

浜堤は通常の高潮位の波打ち際の高さより高い位置に形成され，その背後の土地に比べて 2 〜 3 m の高さをもつこともある．とくに，外洋に面する比較的小規模な礫浜海岸ではその高さが高くなる傾向がみられ，外洋に面した小規模な低地などでは数mに達する所もある．

また，海水準のわずかな低下や，海岸への土砂供給量の増加などによって海岸線が前進すると新しい海岸線に沿う形で新たな浜堤が形成される．多くの海岸平野では，完新世後期に浅海底が離水する過程で海岸平野が拡大し，海岸線が海側に順次移動して海岸線に沿って浜堤が列状に並ぶ浜堤列が形成されてきた．このような平野を（砂）堤列平野とよ

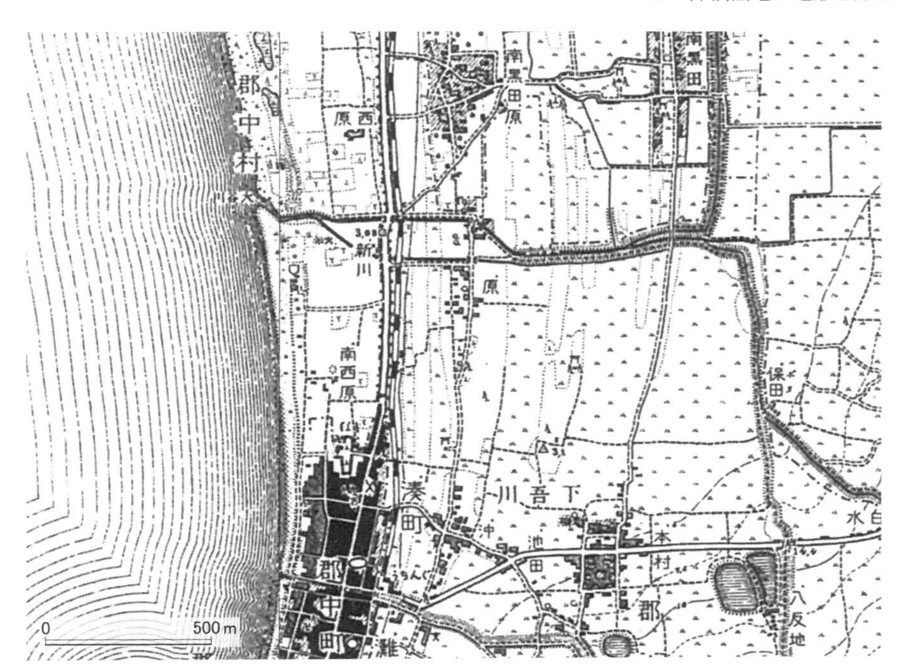

図III-5-2 松山平野の海岸部に発達する浜堤列（1905年発行正式2万分の1「郡中」および1904年発行「三嶋町」図幅）
畑あるいは空き地の浜堤と水田の堤間低地の帯状の配列が明瞭に見られる．

んでいる．わが国の海岸平野では数列の浜堤列がみられることが多いが，千葉県の九十九里平野（九十九里浜平野）は主として6,000年～7,000年前頃の縄文海進高頂期以降に作られた地形からなり，10数列にも達する浜堤列が発達する（森脇 1979，増田ほか 2001）（写真III-5-2）．多くの沖積低地では，最も内陸に位置する浜堤は縄文海進高頂期に形成されたものであることが多く，仙台平野や九十九里平野におけるように海岸線から数kmにも及ぶ内陸に分布しているものもある．浜堤列が発達する低地では浜堤の部分に集落や畑が立地するのに対し，浜堤間の部分は凹地となっていて，水田や湿地として残されたりしている．このような浜堤間の凹地を堤間低地あるいは堤間湿地とよび，写真III-5-2では浜堤と堤間低地とが交互に発達する様子が良好に示されている．

なお，浜堤列は海岸平野のみならず，沖積平野の臨海部に発達する例もある．石狩平野の花畔砂堤列は幅数kmにおよぶ大規模なものであり，旧版地形図をみると各地の臨海地域などでも顕著な浜堤列が各地に認められる．図III-5-2は松山平野南西部の海岸付近に発達する浜堤列を示す旧版地形図で，南北に延びる数列の浜堤列とそれらの間の堤間低地の土地利用の違いが明瞭である．

III-5-3 砂丘

海岸付近では，海浜の砂が吹き上げられて砂丘が形成されることがある．小規模な砂丘の場合には，浜堤が風成砂によって覆われて砂丘となっているような所も多いが，越後平野や庄内平野など日本海側の平野などでは，臨海部に大規模な砂丘が発達する．多くの海

写真 III-5-3　庄内平野側からみた庄内砂丘（2016年10月撮影）

写真 III-5-4　上空から見た遠州灘沿岸の海岸線に斜行する砂丘列（2007年7月撮影）

岸平野では，海岸線に並行に砂丘列が発達するが，掛川市の遠州灘海岸地域などのように海岸線に斜行する砂丘列も見られる．また，津軽平野の屏風山砂丘は山田野面とよばれる段丘面上に発達しており，海岸線に対して直交方向に砂丘が形成されている．

砂丘の規模はさまざまであり，数m程度の高さをもつものから越後平野におけるように最高点が数十mに達するようなものもある．わが国では砂丘表面の多くは飛砂を防止するために防砂垣が作られたり防砂林が植林されたりしていて，鳥取砂丘のように広域にわたって砂が露出している所は多くない．また，砂丘には更新世に形成された古砂丘と完新世に形成された新砂丘があり，鳥取砂丘などのように古砂丘をおおって新砂丘が発達している所もある．

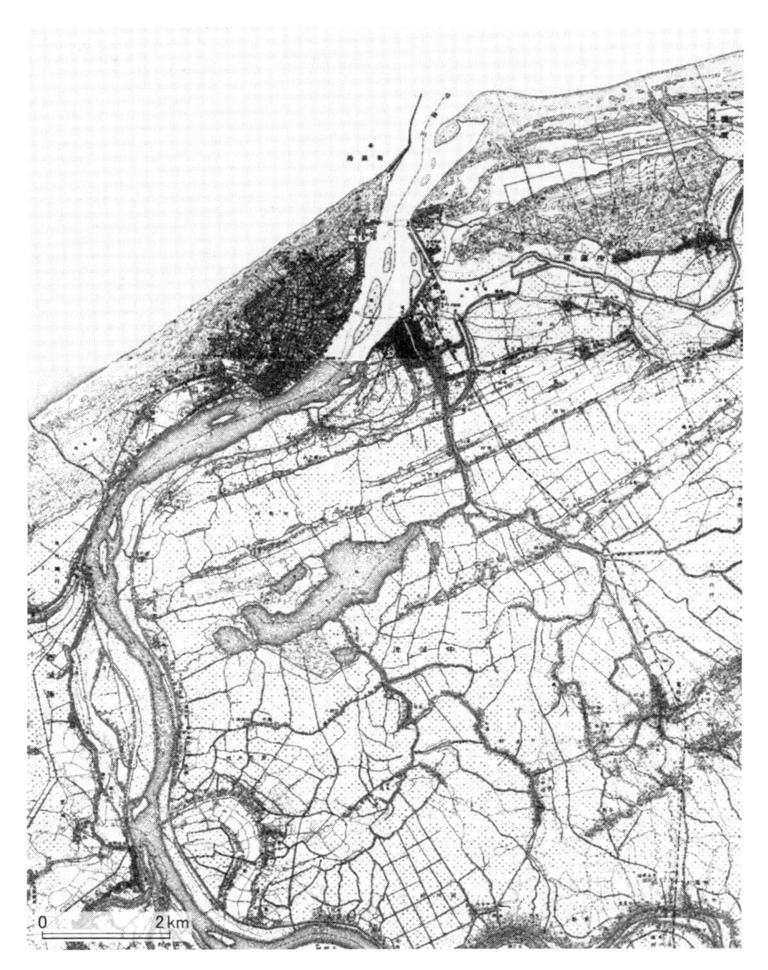

図III-5-3　1912年発行5万分の1地形図で示される新潟市街地とその南側地域における砂丘列
中央の鳥屋野潟の南の砂丘が鴨井ほか（2006）のII-2, 北の砂丘がII-3, その北の信濃川南岸の砂丘がII-4にあたり，新潟市街地をのせる砂丘が第III砂丘列に相当する．また，図の南東部亀田町付近に見られる砂丘は第I砂丘列の一部である．

一方，砂丘が浜堤をベースに海岸線に並行に複数列発達している地域もある．多くの海岸砂丘では，現在の海岸線に沿う砂丘列の幅が広く，連続性が良いのに対し，それより内陸に砂丘が存在する場合は，一般に規模が小さく連続性が悪い．越後平野では海岸線から内陸に向けて10列の砂丘列が発達しており，第II章で述べたように最も内陸の新砂丘I-1は約6,000年前，最も新しい新砂丘III-2は約1,100年前に形成されたとされている（鴨井ほか2006）．

III-5-4　砂州・砂嘴・潟湖

海岸域では，周辺の地域から供給された砂や礫が波浪や潮流・沿岸流などによって海岸線に沿って移動し，堆積する．それらの堆積物が作る地形はさまざまな形態をなし，砂州，砂嘴，分岐砂州，複合砂嘴など各種の地形が区分されている（武田2007）．とくに，沿岸

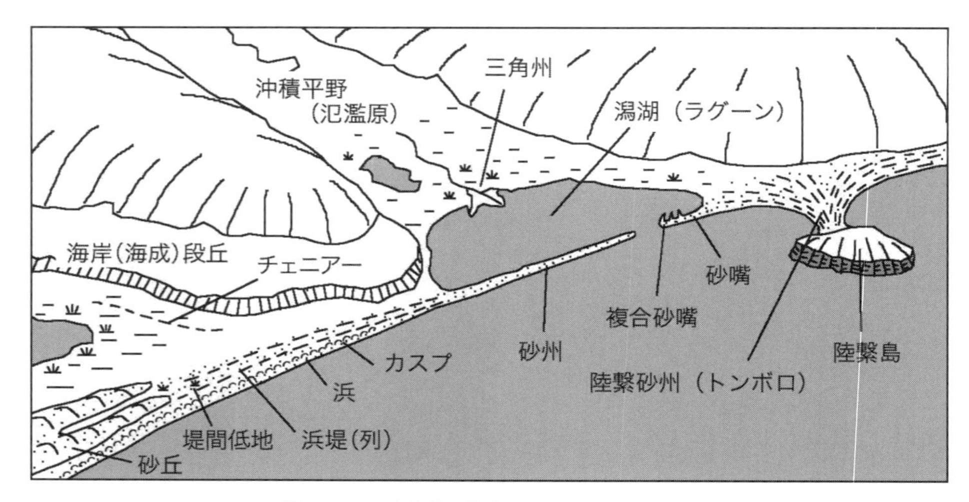

図 III-5-4　海岸地形模式図（海津 2016 による）

写真 III-5-5　東京湾中央部に向けて突出する尖角岬の富津州（1983 年 2 月撮影）

流が湾に向けて流れを作っている場合には，海岸線に沿って移動した砂礫が入江や湾口に向けて堆積し，さまざまな形態の堆積地形を作る．このようにして形成されたものが砂州や砂嘴であり，基本的には対岸に達して入江や湾口をほぼふさぐようなものを砂州，湾口などに突出した湾の閉塞度合いが低いものが砂嘴とよばれている．

なお，砂嘴あるいは砂州の先端部が湾口から湾内に向けた流れによって鉤型に曲がったものは鉤状砂嘴あるいは鉤状砂州とよばれる．さらに，その砂嘴が湾口を塞ぐようにのびることと湾内に向けて曲がることを繰り返すことによって，ニホンジカの角のように枝分かれした平面形態をもったものは，複合砂嘴あるいは分岐砂嘴とよばれる．代表的な複合砂嘴の例として道東の野付岬がよく知られている．また，湾内を旋回する流れによって作られる砂州あるいは砂嘴と，湾口側の流れによって作られる砂州あるいは砂嘴とが収斂する形で突出した形で形成されたものとして尖角岬とよばれる砂州があり，東京湾の小糸川河口付近に発達する富津州が知られている（写真 III-5-5）．

また，島に向けて砂が堆積して島と本土とが繋がった地形もあり，そのような砂州を陸

写真 III-5-6　ベトナム中部ダナン市街地をのせる陸繋砂州と陸繋島（2013 年 8 月撮影）
砂州上の植生に囲まれた四角い場所はダナン空港である．

写真 III-5-7　三重県志摩市の海岸で見たミニチュア版の陸繋砂州

繋砂州（トンボロ），砂州によって本土と繋がった島を陸繋島とよぶ．トンボロや陸繋島の例としては陸繋砂州上にひろがる函館の街と陸繋島の函館山，神奈川県の江ノ島，紀伊半島南端の潮ノ岬など数多くの例がある．トンボロなどの地形は世界各地でみることができ，写真 III-5-6 示すベトナム中部のダナン市市街地も陸繋砂州上に立地している．なお，写真 III-5-7 は三重県志摩市の海岸で見たミニチュア版の陸繋砂州である．

砂州の背後には，浅海の一部が砂州よって外洋から切り離された潟湖（ラグーン）が存在することが多い．長さ約 25 km におよぶ砂州によってオホーツク海と隔てられたサロマ湖はそのようにして形成された典型的な潟湖であり，オホーツク海沿岸にはサロマ湖のほか，濤沸湖，能取湖，コムケ湖，クッチャロ湖などの潟湖が多数存在している．また，そのほかの地域でも根室湾に面する風蓮湖，津軽平野の十三湖，今は広大な干拓地に変貌した秋田県の八郎潟，加賀平野の河北潟，天橋立の砂州によって宮津湾と隔てられた阿蘇

写真 III-5-8　現在は大規模な干拓地がひろがる八郎潟（2009 年 6 月撮影）
八郎潟干拓地と日本海との間には砂州が発達している.

写真III-5-9　海岸部に発達する砂州と背後に形成された潟湖（2018年10月,ベトナム中部ダナン近郊の上空から撮影）

海や，京丹後市の久見浜湾，鳥取・島根県の県境に存在する中海，太平洋岸の小川原湖など多くの事例をあげることができる.

砂州によって隔てられた潟湖も世界各地に見られ，東南アジアのベトナム中部のダナンからフエにかけての海岸付近やタイ南部のマレー半島東岸などにはタムジャン＝カウハイ湖やルアン湖・ソンクラー湖などの非常に大きな潟湖が存在する．写真 III-5-9 はベトナム中部ダナン市の北にみられる砂州とその背後の潟湖で，この地域から北のフエにかけての地域には多くの潟湖が連続的分布している（平井 2015）

一方，やや内陸部に位置する北海道の網走湖，茨城県の霞ヶ浦や北浦などは縄文海進時に拡大していた入り江を起源として形成された湖であり，広義には潟湖としてとらえられるが，単純に砂州や砂嘴によって閉塞されたものでないことから，より広い意味をもつ海跡湖とすることが多い．ちなみに，同じく当時の入り江の一部であった千葉県の手賀沼や印旛沼は海跡湖ではあるが，潟湖ではない.

Ⅳ　沖積低地の自然災害リスク

Ⅳ-1　沖積低地の土地条件と自然災害リスク

沖積低地はこれまでさまざまな自然災害を経験してきた．本来，地形の形成はそれ自体が土地の変化であり，自然環境の変化である．しかしながら，そのような場所に居住・生活している我々を主体として考えると，地形の変化は単なる自然の変化として見過ごすことはできず，我々にとってそれまで続けてきた日常の生活に大きな影響を引き起こす自然災害となる．

沖積低地における自然災害にはさまざまなものがある．とくに，沖積平野の地形形成の原動力でもある河川による洪水・氾濫はその代表的なものであり，海岸域では津波や高潮なども海岸地形の形成や変化に影響を与える．一方で，形成された地形の場所的特性が自然災害の地域性あるいは場所的特徴と深く関わることも知られている．低地の微地形の違いが水害状況と深く関わることはよく知られているし，微地形と関わる表層地質や沖積低地を構成する沖積層の特徴が地震の際の揺れの違いを引き起こしたり，液状化の起こりやすさと関係したりしていることも知られている．

一般に，沖積低地では砂礫質の所では水はけが良く，それに対して泥質すなわちシルト・粘土質の所では水はけが悪い．大局的にみると沖積低地において砂礫質の堆積物が堆積している場所は扇状地面の砂礫堆や扇状地・氾濫原の河川の河床など，砂質堆積物が堆積し

図Ⅳ-1-1　沖積低地における自然災害模式図

ている場所は砂丘（河畔砂丘）や浜堤など，砂泥質の堆積物が堆積している場所は自然堤防，泥質の堆積物が堆積している場所は後背湿地などであり，旧河道では埋積された河谷堆積物の下部が砂礫質，上部が砂泥質になっていることが多い．

また,堆積物のみならず地下水位との関係も自然災害リスクと関係している．たとえば,地下水に満たされている所では，とくに砂質の部分で液状化が起こりやすく，また，泥質の所では乾燥した粘土層に比べてはるかに軟弱な地盤になりやすい．このような沖積低地の土地条件やその特性を理解すると，それぞれの場所における自然災害に対するリスクを大局的に把握することができる．

IV-2　扇状地の土地条件と自然災害リスク

扇状地を構成する堆積物は基本的に砂礫質であり，地盤の固さを示す標準貫入試験のN値は50以上の値を示していることが多い．そのため，地震時の揺れに対しては安定した地盤であり，軟弱地盤におけるような揺れの増幅といったことはほとんど起こらないと考えられる．礫層の厚さは基盤まで数mから数十m以上にも達するが，礫層にはさまれて砂層が堆積していることもある．多くの扇状地では現成の河床あるいは河岸の堆積物と同程度の砂礫からなり，礫の大きさはさまざまであるが，ボーリング柱状図では玉石混じりといった記載がある場合も多く，露頭でも20 cmを超えるような円礫が混入している礫層をみることがある．このような堆積物からなることから，扇状地の地盤は比較的しっかりしており，液状化も発生しにくいと理解される．

一方，扇状地は繰り返して発生する洪水によって流路が変わり，谷口から緩い半円錐形に土砂がまんべんなく堆積して形成されてできた地形である．このことはすなわち，自然の状態では扇状地面において洪水氾濫や河道変遷が繰り返されることを示しており，堤防や上流側からの土砂移動を制御する山間部のダムや堰堤などの構造物が無ければ水害が発生しやすい場所であると理解される．とくに，梅雨期などの豪雨時には背後の山地で発生した崩壊などによって上流側から扇状地に向けて土石流が流下してくることが考えられ，小規模な扇状地では扇頂部や扇央部などで警戒を要する（写真IV-2-1，写真IV-2-2）．また，地震に伴う崩壊土砂の堆積によって上流側の河谷で土砂ダムが形成されることがあり，それらが決壊して下流側の谷底平野や扇状地の部分で土砂災害が発生する事例も多い．

なお，山間からの多量の土砂が河谷を流れて谷底平野や沖積平野の縁辺部などに堆積した場合には，比較的小規模な半円錐形の堆積地形ができる．堆積物は淘汰の悪い礫や土砂からなり，岩塊状の巨礫が含まれることもある．このような規模の小さい扇状地は沖積錐ともよばれているが，従来の地形分類ではこのようなものを含めて扇状地としている例も多い．ただ，扇状地としてしまうとその特性がわかりにくいので，防災の面からはこのような場所は第III章2節1項で指摘したように土石流扇状地などとしてとくに区分した方がわかりやすいと考える．

扇状地面には多数の旧河道が網目状に発達していることも多く，そのような所では旧河道に沿って洪水流が流れたり，旧河道の部分で浸水被害がひろがったりするといったこと

写真 IV-2-1　山地部で発生して途中で民家を破壊しながら山麓の扇状地まで流下した土石流（1975 年 8 月青森県岩木山麓にて撮影）正面の蔵助沢で発生した土石流は手前水田の奥にみえる百沢集落を直撃し，22 名の住民が犠牲になった．

写真 IV-2-2　平成 26（2014）年 8 月豪雨災害で土石流が氾濫した広島市安佐南区の小規模な扇状地（土石流扇状地）
国土地理院撮影の斜め写真による．

もみられる．2017 年 7 月 14 日に愛知県大口町などで発生した浸水被害は，木曽川扇状地の旧河道部分で五条川が氾濫したもので，木曽川扇状地の過去の水害を示す愛知県新川浸水実績図でも五条川や青木川などの木曽川の旧河道の部分で繰り返し浸水被害が発生したことが示されている．

IV-3　氾濫原の土地条件と自然災害リスク

IV-3-1　氾濫原の水害

氾濫原は，その名のとおり河川の氾濫によって形成された地形であり，第 III 章で述べたように山側の扇状地と海側の三角州との間に分布する地形である．氾濫原には各種の微地形が存在するが，それらの微地形は個別に形成されるのではなく，河川の洪水・氾濫に伴って関連する形で形成されてきたものである．

氾濫原における洪水・氾濫は，河川の破堤や越水・溢水などのほか，排水不良地などにおける内水氾濫，低地の縁辺部における土砂災害などさまざまな規模の低地においてさまざまな形で発生している．現在の東京低地では市街地が連続的に続くが，第 II 章 2 節で述べたように 1960 ～ 70 年代以前には東京低地における市街地は主として台東区や墨田区などの西部の地域にひろがっていて，葛飾区や江戸川区などにまだ水田のひろがる田園地帯が広く分布していた．このような東京低地では過去にたびたび広い範囲にわたって水害の被害を受けており，なかでも 1910 年の水害は極めて大規模なものであった（図 IV-3-1）．この水害は 8 月 6 ～ 11 日にかけて八丈島の北側を通った台風と，12 ～ 14 日にかけて沼津付近に上陸した台風によって引き起こされたもので，関東一円は寛保 2（1742）年ないし天明 6（1786）年以来の歴史的な大水害を被ったとされる．氾濫地域は東京湾に注ぐ旧利根川や荒川の氾濫原のほか，渡良瀬川と利根川の合流する地域一帯など約 18 万町歩に達したとされる（土木学会編 1974，大熊 1981）．

さらに，1947 年のカスリン台風の襲来の際には 1910 年の水害とほぼ同様の地域における大水害が発生している．この時には埼玉県北埼玉郡東村（現在の埼玉県加須市）において利根川が破堤し，破堤地点から利根川の洪水流が数日かけて到達している．

歴史的に見ても，このような東京低地の水害を軽減するためにさまざまな努力がなされている．本来，この地域は東京湾に注いでいた利根川の下流地域にあたっており，江戸幕府にとってこの地域の水害軽減は大きな課題であった．そのようなことから，利根川中流部低地や中川低地などで水害が繰り返し発生していたことを解消し，江戸への物資輸送，

写真 IV-3-1　破堤した愛知県庄内川水系の内津川（1991 年 9 月撮影）

江戸の防御などを目的として伊奈備前守忠次やその子ども達によって利根川東遷事業とよばれる利根川の付け替え事業が実施された（大熊 1981）．この事業は鬼怒川の流路を利用して利根川のルートを現在の銚子付近で太平洋に注ぐルートに変更するものであり，現在の埼玉県と千葉県北部付近において，台地の開削がおこなわれ，河道が付け替えられた．

このような大規模な流路変更によって流域の水害は少し軽減されたが，1783（天明 3）年には浅間山が大噴火（天明噴火）し，それによる火山噴出物の流下によって利根川の河床が上昇し，再び利根川において洪水が頻発するようになってしまった．同様の火山噴出物による河床の上昇と洪水の頻発は，1707 年の富士山（宝永火山）の噴火に伴って酒匂川の河床が上昇し，洪水が繰り返し発生したこと（角谷ほか 2002）などでも見られる．

利根川の流路が変更されたにもかかわらず，東京下町低地では台風の襲来などによって上記の 1910 年あるいは 1947 年におけるような水害が繰り返し発生したが，その後は流域に多目的ダムが建設されるなどの総合的な治水事業や河川改修・堤防の整備などが進んだ．とくに，東京低地では 1910 年の大水害をうけて，荒川放水路の計画が立てられ，1924 年に岩淵水門からの注水がおこなわれ，1930 年に荒川放水路（現荒川本流）が完成

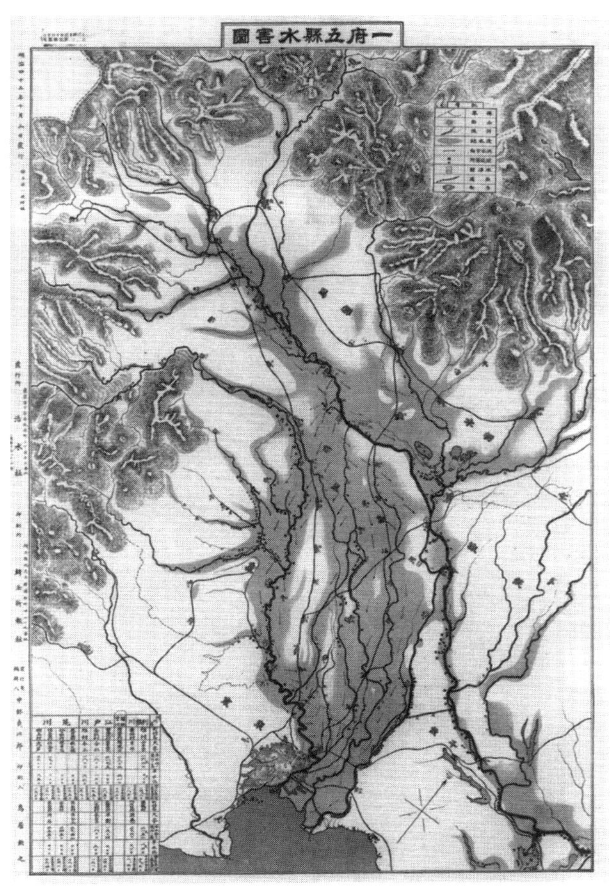

図 IV-3-1　関東地方における 1910 年水害の氾濫地域（防災科学技術研究所自然災害情報室所蔵資料「治水第一号附図　一府五県水害図」）

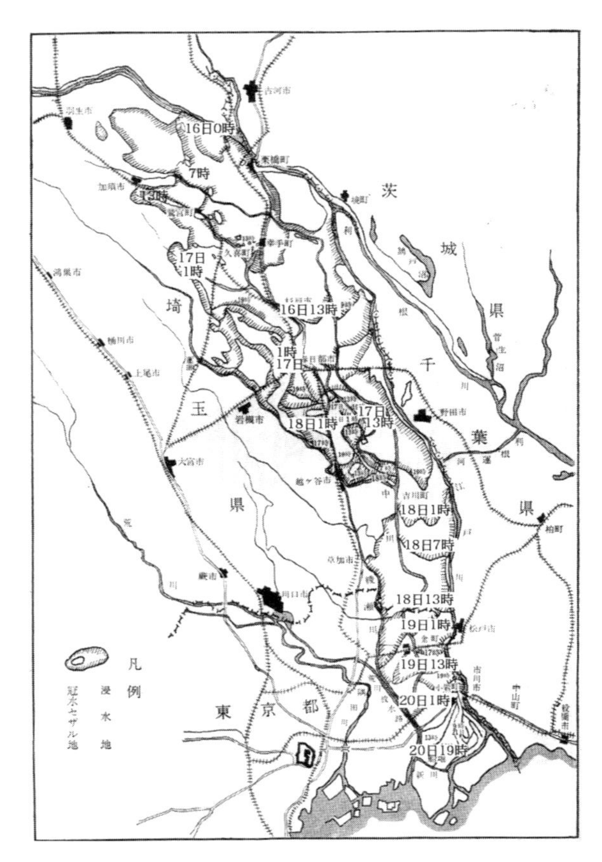

図 IV-3-2　1947 年 9 月カスリン台風による利根川決壊後の洪水流の伝播（科学技術庁資源局 1961）

した．また，東京低地の中央を流れる中川も大きく蛇行していてしばしば水害をひきおこしていたため，1938 年の水害を契機として，中川と旧江戸川を結ぶ新中川（中川放水路）の計画が進み，1963 年に完成している．ただ，周辺地域では小貝川や鬼怒川などにおいてたびたび顕著な水害が発生しており，とくに 2015 年の鬼怒川水害は記憶に新しい．

なお近年は，台地上の谷底平野でも集中豪雨時などに雨水が集中してしばしば水害が発生しており，第 IV 章 4 節で述べるように神田川・環状七号線地下調整池などの建設によって，従来あまり注目されてこなかった台地面上に発達する谷地形や谷底平野における水害の軽減も図られている．

東京と並んで多くの人口を抱える大阪平野のうち，上町台地の東側における生駒山地との間の部分は河内平野とよばれ，縄文時代から弥生時代にかけては河内湾とよばれる内湾や河内潟とよばれる潟湖の状態が長く続いていた（梶山・市原 1972，1986）．本来，この河内平野は低平である上に北に向けて延びる上町台地によって閉塞された地形環境であったため，排水不良の状態が続くとともに，北東から流下する淀川や南東から流入する大和川が氾濫することもしばしばで，先史時代以降人々と水害との戦いが繰り返されてきた．このような水害を軽減するため，豊臣秀吉は 1596（文禄 5）年に河内平野を淀川の洪水から守るため，文禄堤を築いて寝屋川と古川を淀川から分離したとされるほか，河上

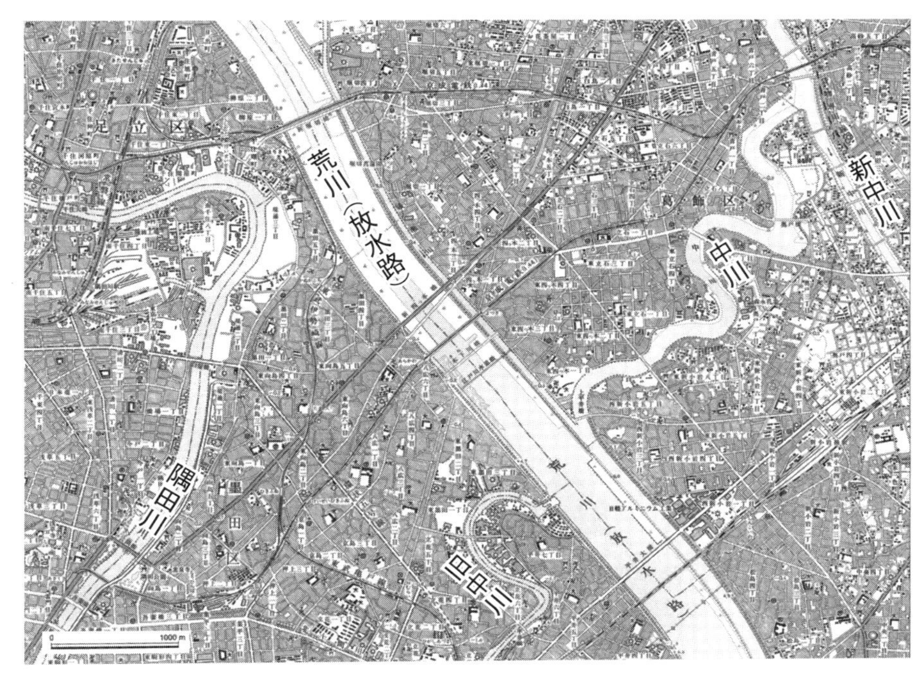

図 IV-3-3　1974 年発行 2 万 5,000 分の 1 地形図「東京首部」で示される東京低地の河川

瑞賢による 1684（貞享元）年からの大和川の一部拡幅，曽根崎・堂島川の川浚え，安治川開削などの貞享の治水事業によって，淀川と河内平野を流れる大和川との合流地域における事業が実施された（西田監修・山野ほか編 2008）．ただ，根本的な問題は大和川の流入にあることから，1703（元禄 16）年に幕府によって大和川付け替えの方針が決定され，南部から流入する大和川について新たな水路を掘って直接大阪湾へ流下させるという大規模な土木工事が実施されている（西田監修・山野ほか編 2008）．

この河内平野では，盆地状の性格をもつその地形的背景から，その後も水害が発生しており，1972 年 7 月には 10 日から 13 日の 4 日間の総雨量が大阪北部・東部・大阪市内で 280 ～ 330 mm に達したことにより，広い範囲が浸水し大きな被害が発生した（藤岡 2000）．このほかにも河内平野では水害が繰り返し発生しており，1950 年以降に発生した 12 回の水害を重ねた図 IV-3-3 では河内平野の北西部を除くほとんどの地域において浸水地域が分布している．

一方，濃尾平野でも古くから稲作がおこなわれ，多数の村が立地して多くの人々が生活していた．ただし，第 II 章 4 節で述べたように濃尾平野では西側が沈降傾向にあるため，木曽三川とよばれる木曽川，長良川，揖斐川の各河川が平野の西に寄った形で流れていて，17 世紀初頭に尾張藩が木曽川左岸にお囲い堤を建設する以前から平野西部の地域には木曽三川やそれらの支流・旧河道が複雑に入り乱れて流れていた．その結果，濃尾平野西部は古くから水害に対する危険性の高い地域であり，住民達は度重なる水害に苦しめられてきた．そのような状況のため，この地域では古くから住民達が水害から身を守るために堤防を築き，水防組織を作って水害に備える輪中の生活がおこなわれてきたが，1608 年に木曽

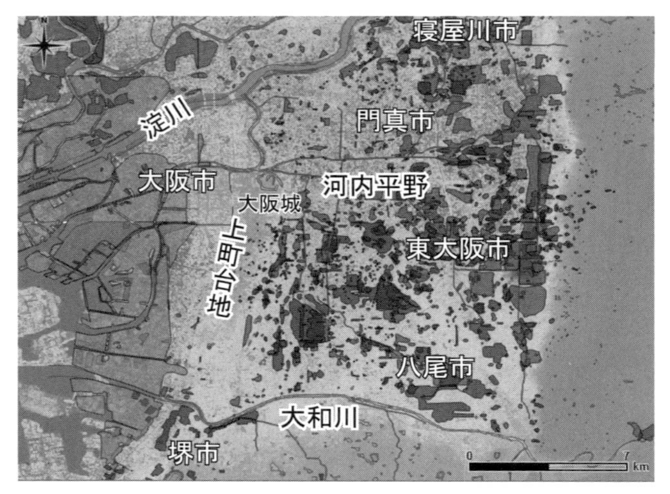

図 IV-3-4　1950 年以降に発生した 12 回の浸水地域を重ねた図
国土交通省土地履歴調査の水害履歴 GIS データを ALOS-DEM の陰影起伏図に重ねて作成.

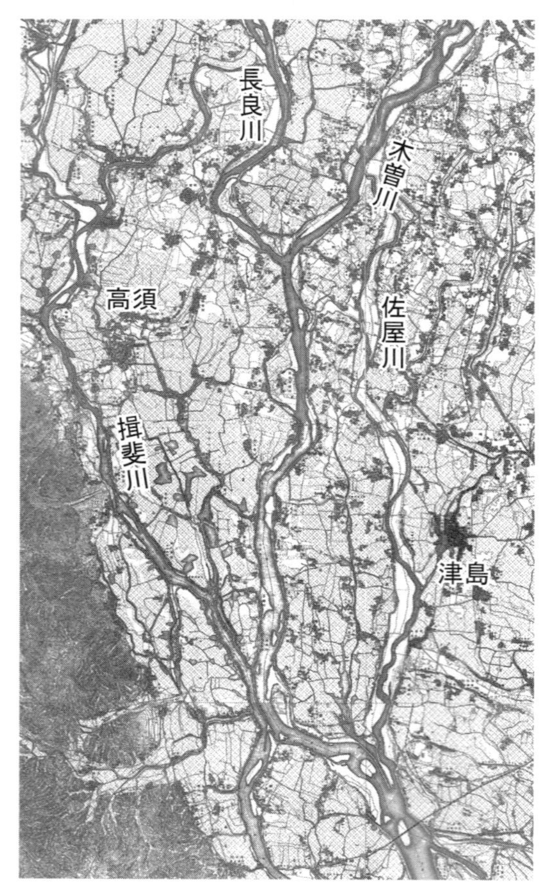

図 IV-3-5　デレーケによる改修以前の濃尾平野西部を示す 1893（明治 26）年発行の 2 万分の 1 地形図

川左岸の連続堤であるお囲い堤が建設されたことにより，水害の頻度はさらに高まることになった．そのような状況を軽減するために，17 世紀の宝暦年間には宝暦治水とよばれる水害を軽減するための事業がおこなわれ，島津藩のお手伝い普請による治水事業が実施された．宝暦治水では，長良川と揖斐川との間を流れる大榑川に洗堰を設けて水量をコントロールできるようにしたほか，長良川と合流した木曽川と揖斐川とが合流する最下流部に油島の締切堤を建設するなどの事業がおこなわれたが，多くの薩摩藩士の犠牲があったにもかかわらず完全な治水には至らなかった．その後，明治時代に入るとオランダ人技師ヨハネスデレーケの指導のもとに，新たな河道の建設や背割堤の建設によって木曽川と長良川の河道分離がなされ，明治 30 年に三川分流が竣工した．このように，広大な面積の濃尾平野の沖積低地では生産活動の場としての側面と同時に水害に対するさまざまな苦労と努力が進められ，現在に至っている（土木学会中部支部編 1988）．

IV-3-2　自然堤防と後背湿地

一般に，自然堤防は水害時に水につかりにくいという傾向をもつため，多くの人々が生活する伝統的な稲作地域では，自然堤防が集落の立地場所として選定されてきた．土地利用上でも自然堤防の部分には畑がひろがることが多く，後背湿地の部分にひろがる水田との違いが明瞭である（図 IV-3-6）．自然堤防と後背湿地との比高は数十 cm から 1 m 程度の所が多いが，水害時にはこのわずかな土地の高さが意味をもつことも多く，後背湿地では湛水しやすいのに対し，自然堤防の部分は浸水を免れたり，わずかに冠水する程度といった状態のことが多い．後背湿地に対してわずかな比高しかない自然堤防は都市化が進むと目立たなくなるが，旧版地形図で確認すると土地利用の違いとして明瞭に示されていることが多い．

一方，後背湿地の部分は河川が氾濫したり内水氾濫が起こったりした場合には湛水しやすく，水はけが悪いという傾向をもつ．自然の状態では沼沢地として残っていたり，排水路が十分に整備されていなかった時代には，湿田あるいは沼田とよばれる水はけの悪い水田の状態で，軟弱な泥土が厚く堆積するような所が多かった．

氾濫原における水害は第 IV 章 3 節 1 項で述べたような破堤による外水氾濫のみならず，近年は著しい降雨による内水氾濫が顕著になっている．とくに，都市近郊の新興住宅地がひろがる地域では水田が宅地化したりアスファルト舗装の道路が増加したりすることにより，降雨時の地下への浸透率が低下し，下水道の整備が十分でないような場所では，わずかな降雨によっても氾濫が発生する．そのような内水氾濫が発生する場所の多くは，周囲に比べて地盤高が低い所が多く，地形的には後背湿地に相当する所が多い．また，河川の合流部などで下流側に向けて自然堤防や人工堤防が V 字型の平面形をなして合流している所でも降雨による表流水が集まりやすく，また排水しにくいため，内水氾濫が発生しやすい．

図 IV-3-6　1912（明治 45）年発行の正式 2 万分の 1 地形図で示される木津川低地の自然堤防と後背湿地
木津川右岸の土手上を南北に走る奈良街道の両岸の畑や茶畑の部分が自然堤防であり，その東側にひろがる水田の部分が後背湿地にあたる．

また，新興住宅地では水害の被害を軽減するために土地を嵩上げすることも多くおこなわれるが，新しい宅地ほど嵩上げの高さを高くするという傾向も見られ，その結果早くから宅地化した土地では嵩上げの度合いが十分でないために，水につかりやすくなったということも起きている．

なお，第IV章3節1項で述べた河内平野の南東部では掌状に分岐してひろがった大和川の旧流路に沿って自然堤防が顕著に発達しており，河道の部分は周囲に比べて2～5m程度高い天井川をなしている．現在，この地域は多くの工場や住宅などが立地する地域として発展しているが，国土交通省の土地履歴調査による地形分類図と災害履歴図をGIS上で重ねてみると後背湿地にあたる自然堤防背後の部分に多くの浸水区域がひろがっていることがわかる．

一般に自然堤防の部分は洪水・氾濫の際に水につかりにくく，河川が氾濫しても水深が浅いという傾向をもつが，このことが拡大解釈されて自然堤防の部分は水害に遭わない安全な所と誤解されることもある．しかしながら，著しい洪水の際には自然堤防の部分でも浸水被害がみられたり，場合によっては家屋の流出なども起こったりする．2015年9月の関東・東北豪雨における鬼怒川水害の際には破堤によって自然堤防上に立地していた民家が流されたり，さらに水害に遭いにくいとされる台地の部分でさえ水をかぶった所があり，それぞれの地形の位置や地盤高などをふまえて土地条件を判断する必要がある．

なお，この鬼怒川水害に関しては，「自然堤防」が人為的に削られたことが水害の誘因になったという報道があったが，実際には削られたのは自然堤防ではなく，河畔砂丘であった．また，この時には「自然堤防＝自然の堤防」という観点から報道されたりもしたため，若干の混乱を生じた．すなわち，河道から河川水が溢れるのを防ぐ「人工の堤防」に対して，同様の役割を果たしている自然の地形を「いわゆる自然堤防」とよんでしまったための混乱であった．河道から河川の氾濫を食い止める役割を果たす自然の地形には，自然堤防だけでなく，河畔砂丘や台地の縁辺部などもあるが，土地の性質が異なる河畔砂丘や台地の部分を「自然堤防」とよぶと誤解を生じてしまう．

写真IV-3-2　内水氾濫によって床上浸水した新興住宅地の民家（2002年7月大垣市にて撮影）

IV-3-3　氾濫原と液状化

自然堤防や後背湿地を含む氾濫原では一般に地下水位が浅く，農村部では伝統的に浅層地下水を生活用水として利用してきた．このような場所において地表近くに地下水面があるということは伝統的な水利用の面では有効であったが，堆積物が地下水によって飽和されていて砂質である場合には地震時における液状化の危険性が高い．液状化は堆積物の間隙水が地震の震動によって流動化し，堆積物が不安定になる現象で，その結果として地盤沈下や地表の亀裂，噴砂などが発生する．

わが国において液状化が注目されるようになったのは1964年6月16日に発生した新潟地震においてであり，砂質堆積物からなる砂丘の縁辺や旧河道，自然堤防沿いの部分で顕著な液状化が発生した（青木1996）．また，各地の液状化地点の分布と地形との関係について検討した若松（1991）によると，液状化は同じ地震動の条件下では，一般に（1）飽和地盤の細粒土（0.074 mm以下の粒径をもつ土粒子）含有率が低いほど，（2）飽和地盤の標準貫入試験のN値が小さいほど，（3）地下水位が地表面に近いほど生じやすいとされており，このような地盤や土の土質工学的性質を支配しているのは，土や土層の成因と，その後の地形・地質学的プロセスであるとし，例えば，粒径のみからみると，液状化が最も生じやすいのは粒径のそろった細砂や中砂，それも角ばっていない砂であるとしている．そして，そのような性質の砂が最も生成されやすい所が砂丘（地下水位の高い縁辺

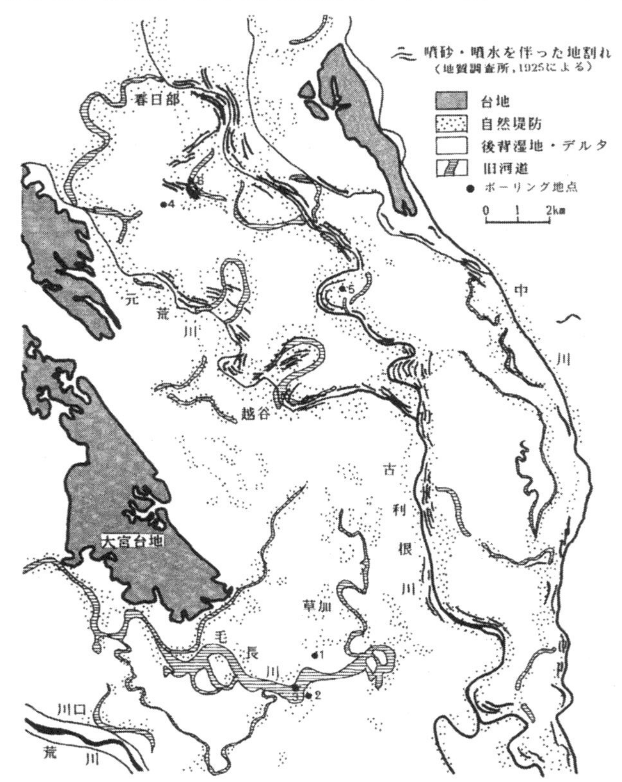

図IV-3-7　1923年関東地震による埼玉県越谷市・草加市付近の微地形と液状化にともなう地割れの分布（若松1991）

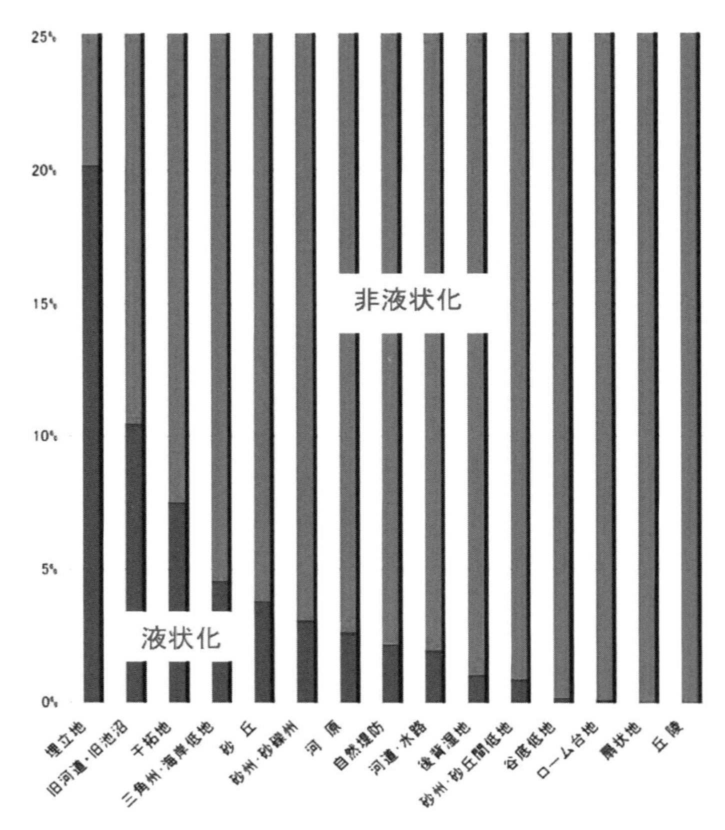

図 IV-3-8　2011 年東北地方太平洋沖地震に伴う微地形ごとの液状化発生傾向（国土交通省関東地方整備局・地盤工学会 2011）

部や砂丘間低地）であり，河川流域では大河川中流部の自然堤防や旧河道などにおいて液状化の発生事例が極めて多いとしている．

また，関東，濃尾，秋田，仙台，大阪の各平野では 1885 年以降，104 年間に地震によって 5 回以上液状化が引き起こされていたことを明らかにし，埋立地や氾濫原で液状化が顕著に発生していることを述べるとともに，とくに地形との関係では河川沿岸の液状化発生地点の大部分が自然堤防や旧河道にあたっていることを指摘している．

一方，兵庫県南部地震について地形と被害との関係を調査した 1995 年兵庫県南部地震地質調査グループ（1997）も，沖積平野では自然堤防に比べて後背湿地，あるいは両者の境界域で被害程度が大きい傾向があり，被害の大きい地域の表層部は軟弱なシルト層で構成され，地下水面が浅い特徴をもつとし，また，自然堤防や旧河道などが地震時の液状化に対して脆弱であることを指摘している．

さらに，東北地方太平洋沖地震でも多くの沖積低地において液状化の被害が報告されており，若松・先名（2015）は関東地方全域の計測震度 5.0（震度 5 強）以上の地域において 250 m メッシュごとに算出した微地形区分ごとに液状化発生率を求めた所，埋立地で最も高く，次いで旧河道，三角州・海岸低地，干拓地，砂丘，砂州・砂礫州の順となったとしている．なかでも後述するように，旧河道や旧水部の埋立地に集中して発生している

表 IV-3-1　震度と地形分類による液状化危険度判定テーブル（中埜ほか 2015）

地形分類→ ↓震度	・山地 ・丘陵 ・火山地 ・火山性丘陵 ・磯・岩礁 ・水域	・山麓地 ・火山山麓地 ・岩石台地 ・ローム台地	・扇状地（勾配 1/100 以上） ・砂礫質台地	・扇状地（勾配 1/100 未満） ・砂丘	・自然堤防（比高 5 m 以上） ・砂州・砂礫州 ・後背湿地 ・谷底低地（勾配 1/100 以上）	・干拓地 ・三角州・海岸低地 ・自然堤防（比高 5 m 未満） ・谷底低地（勾配 1/100 未満）	・低地隣接砂丘縁 ・砂丘・砂丘間低地 ・埋立地 ・旧河道 ・河原
7	0	1	2	3	4	4	4
6 強	0	0	1	2	3	4	4
6 弱	0	0	0	1	2	3	4
5 強	0	0	0	0	1	2	3
5 弱	0	0	0	0	0	1	2
液状化発生可能性→	ほぼ無し		小さい	小さい／やや大きい	やや大きい	大きい	非常に大きい

0：危険度無，1：危険度小，2：危険度中，3：危険度大，4：危険度極大．

写真 IV-3-5　液状化で沈下し，使用不能となった浦安町富岡交番（2011 年 5 月撮影）

ことが指摘されていて，液状化発生危険度と地形分類情報とは良好な対応関係のあることが指摘されている（国土交通省関東地方整備局・地盤工学会（2011），中埜ほか（2015），青山ほか（2014），青山・小山（2017），小荒井ほか（2018）など）．

これらのうち，国土交通省関東地方整備局・地盤工学会（2011）は 2011 年の東北地方太平洋沖地震にともなう液状化地点と 250 m メッシュの地形区分データとを比較した結果，最も液状化が顕著に発生した地点は埋立地であり，次いで旧河道・旧池沼，さらに干拓地，三角州・海岸低地が続くとしている（図 IV-3-8）．

また，中埜ほか（2015）は地形と液状化の発生状況から震度と地形分類による液状化危険度判定テーブルを提示している（表 IV-3-1）．なお，埋立地も液状化の発生が顕著な場所であり，写真 IV-3-5 は千葉県浦安町の旧江戸川三角州先端部の埋立地において，東北地方太平洋沖地震（2011 年）にともなう液状化によって沈下し，使用不能となった富岡交番の写真である．

さらに，このような液状化の痕跡は最近の地震に伴うものだけでなく，過去に発生した地震によっても作られており，写真IV-3-4のように遺跡の発掘の際にトレンチ断面に噴砂の跡が見られることもある．

写真IV-3-4　濃尾平野の一色青海遺跡で見られた噴砂の痕跡（1995年8月撮影）

IV-3-4　旧河道と自然災害

以前の河道にあたる旧河道は，周囲の土地に対して浅く溝状に掘り込まれた地形となっていて，その部分に軟弱な泥が堆積していることが多い．このような旧河道は，池や沼として残っている場合もあるが，その後埋め立てられて農地や宅地になった所も多く，見かけ上は周囲とあまり変わらない状態になっているが，泥質な堆積物が充填していることによって，周囲に比べて軟弱地盤となっていることが多い．また，旧河道の部分は地下水が浅く，自然堤防などと共に液状化を起こしやすいことも特徴的である．その分布は過去の河道跡であるために，限られた幅で帯状に連続することが多く，その結果として軟弱地盤の部分や液状化の発生場所も限られた分布をする．したがって，一連の土地として開発された場所でも旧河道の部分だけが軟弱地盤となっていることもある．

このような旧河道と液状化の関係について，若松（1998）は，福井地震において液状化にともなう噴砂と旧河道の分布とのはっきりした関係が認められることを指摘しており，選択的に液状化が発生したことは誠に興味深いと指摘し，2016年の熊本地震に関しても熊本平野において自然堤防・後背湿地・旧河道などの河川の氾濫原のほか干拓地で液状化の発生が多かったことを指摘している（若松ほか2017）．

2011年3月の東日本大震災では，利根川下流部などにおいて顕著な液状化による地盤変状や噴砂などが発生しており，その多くは旧河道の場所にあたっている（小荒井ほか2011）．とくに，小貝川の旧河道が三日月湖となっている常総市の吉野公園付近では三日月湖の内側の滑走斜面において旧河道に向けた地盤のはみ出しや亀裂，陥没や水没がみられるほか，現在の堤防が旧河道を横断する地点において現堤防の破損が見られるなど，液状化が顕著に発生している（小荒井ほか2011，小荒井2012）．また，2011年3月の東日本大震災における利根川下流部の液状化発生地点のうち何カ所かは1987年の千葉県東方沖地震の際にも発生しており，地盤条件が変わらないため繰り返し液状化が発生することがわかる．

一方，我孫子市布佐地区では沼を埋め立てた造成地において局所的に液状化が発生しており（青山ほか2014），人為的な土地改変で一見見分けのつかない場所になってもその土地の生い立ちを反映して液状化が発生している事例は注目されるべきであろう．また，青

写真 Ⅳ-3-3　2011 年 3 月の東北地方太平洋沖地震にともなう液状化によって路面が変形し，建物が沈降した民家（2016 年 3 月千葉県我孫子市布佐にて撮影）

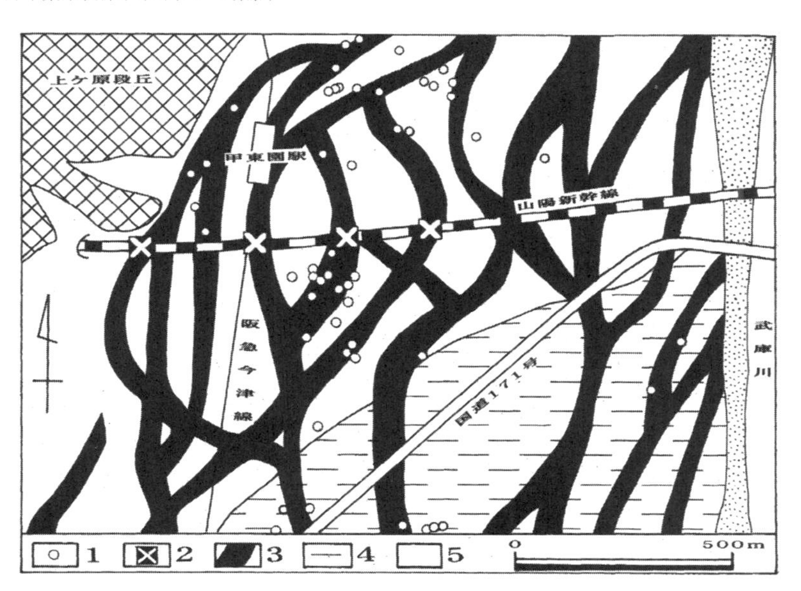

図 Ⅳ-3-9　西宮市大市付近における阪神淡路大震災の被害と旧河道（高橋 1996）
1．死亡者発生地点，2．新幹線高架橋落下地点，3．旧河道，4．三角州帯，5．扇状地帯．

山・小山（2017）が指摘するように砂利採取場のような人為的な土地改変の場所における埋立地などにおいても顕著な液状化が発生している．

このほか，1995 年の阪神淡路大震災の際には新幹線の橋脚のうち，旧河道に位置するものに被害が生じたことが指摘されている（高橋 1996）（図 Ⅳ-3-9）．

一方，河川の河道は捷水路の建設によって短絡化されたり，自然状態で蛇行した河道が短絡化したりしている所もある．そのような所では新たな短絡化した河川に沿って堤防が

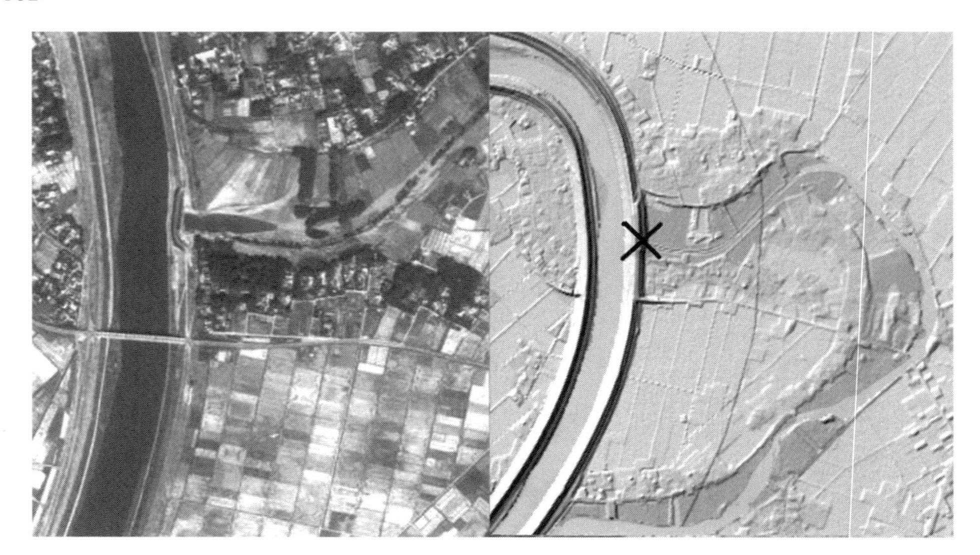

図 IV-3-10　小貝川破堤地点（×）を示す地形陰影図と 1986 年 10 月撮影の空中写真
空中写真には破堤を示す押堀が写っている．

建設されていることが多く，堤防は旧河道の部分にまたがって建設されている．堤防の下の旧河道の部分では透水性が高く，しまりが緩いなどのことから，周辺に比べて弱く，場合によっては破堤を引き起こすことがある．1986 年 8 月には台風 10 号による出水によって，茨城県龍ケ崎市を流れる小貝川が破堤した．破堤地点は図 IV-3-10 に示すようにまさに小貝川の蛇行部分が直線化された部分であり，蛇行部の付け根の部分で堤防が破堤している（田口・吉川 1983）．

また，矢作川低地における旧河道と災害の問題を扱った中根ほか（2011）においても，旧河道を締切った場所では，後の洪水で決壊している事例が多く，支川の付け替えによりできた旧河道および後背湿地の池の跡などにおいて，豪雨時の浸水被害が毎年のように起きていることが指摘されている．

IV-3-5　天井川の自然災害

扇状地や氾濫原の一部では，堤防の建設によって河川の河道部分すなわち堤外地の河床が上昇している所があり，そのような所では河川が天井川の様相を呈している．天井川の部分では，河床上昇に合わせて堤防の嵩上げが繰り返しおこなわれ，河道の部分が周囲に比べて著しく高くなっている所も多い．このような天井川ではひとたび洪水によって破堤すると，洪水流は堤内地の低地に一気に流れ込み，破堤地点付近では民家を流失し破壊する．

京都府の木津川流域では，1953（昭和 28）年の南山城水害において支流の多くが氾濫し，大水害が発生した．とくに，上流部のため池が決壊した玉川では激しい洪水流が一気に流下し，天井川部分において数カ所の堤防決壊が発生し，井手町の市街地では流失家屋 166，全壊家屋 102，死者・行方不明者 102 という極めて大きな被害が発生した（井手町史編集委員会 1963）（図 IV-3-11）．

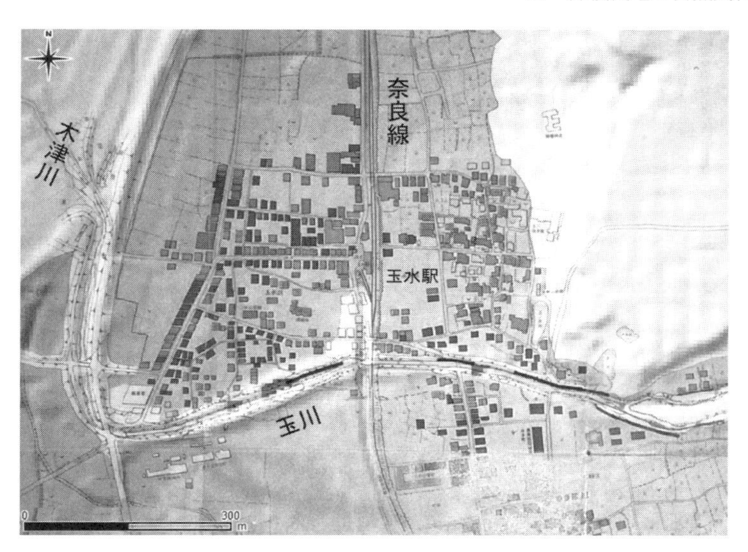

図Ⅳ-3-11　南山城水害における井手町の被災状況（井手町史編集委員会 1963 に地形陰影図を重ねたもの）
図中の濃い灰色は流失家屋，灰色は全壊及び半壊家屋，薄い灰色は床上浸水家屋，黒色実線は破堤部分，図の灰色の地域は浸水地域．

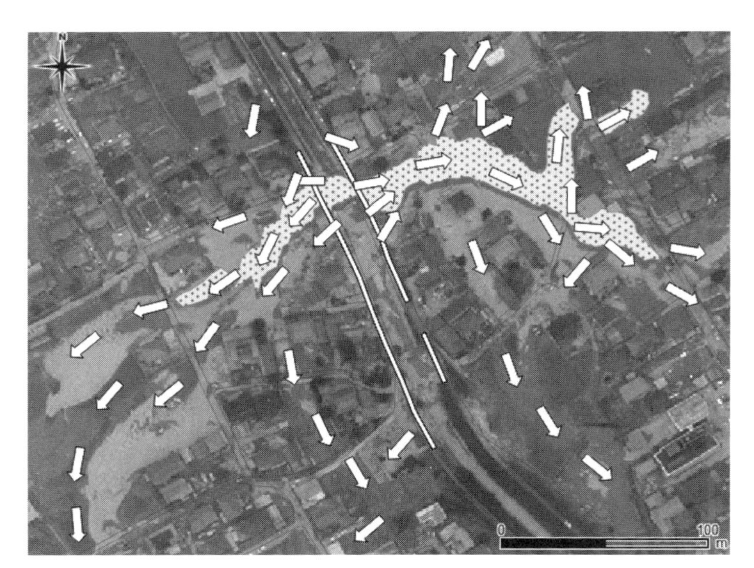

図Ⅳ-3-12　末政川の破堤にともなう洪水流と形成された押堀（網掛けの部分）
堤防の白線は空中写真判読による破堤及び損壊部分（海津 2019 にもとづく）．空中写真は国土地理院が 2018 年 7 月 11 日に撮影したものを使用．

また，六甲山山麓にひろがる神戸市では，1938 年の阪神大水害の際に山麓から流下する多くの河川が氾濫し，神戸市において死者 616 名，被災家屋約 9 万戸など六甲山の周辺地域などで極めて大きな被害を出した．この水害は梅雨前線による集中豪雨であるが，六甲山麓における風化マサ土の崩壊にともなう土石流の発生と下流側の扇状地地域における天井川化した河川での破堤とそれにともなう大規模な氾濫が大きな要因となっている．また，河川の付け替えの際に残された旧天井川沿いの微高地が狭い谷地形を構成する要素となり，洪水流を集中させて被害の拡大要因になったことも指摘されている（谷端 2012）．

一方，2018 年 7 月の西日本豪雨の際には岡山県倉敷市真備町の小田川低地において小田川左岸から合流する支流の末政川が決壊し，多大な被害が引き起こされた．この末政川は通常はわずかな流れが見られるだけの幅 100 m 程度の小河川であるが，その下流部は天井川化しており，洪水時に破堤すると大きな被害が発生する．図 IV-3-12 は末政川の破堤にともなう洪水流と形成された押堀を示したもので，小河川であるにもかかわらず破堤箇所に近い家屋は両岸とも全壊あるいは半壊し，顕著な押堀が形成された．また，両岸にひろがる末政川や小田川の堤防に囲まれた地域は広い範囲にわたって浸水・湛水し，2 階まで水没した家屋が多数発生した（海津 2019）．

IV-4　谷底平野の土地条件と自然災害リスク

すでに述べたように学校教育の場では，沖積平野は扇状地・氾濫原・三角州などに分けられ，氾濫原には自然堤防や後背湿地などの地形が存在することが述べられている．このような相対的に規模の大きな沖積平野に対して，主要河川の支流沿いの地域でも沖積低地が連続して発達している．これらの沖積低地の多くは山間部にまで連続するが，その多くでは氾濫原におけるような自然堤防などのようなはっきりした微地形は認められない．このような沖積低地は谷底平野とよばれ，多くは山地や丘陵の斜面にはさまれた谷底の低地が細長く連続したものとなっている．

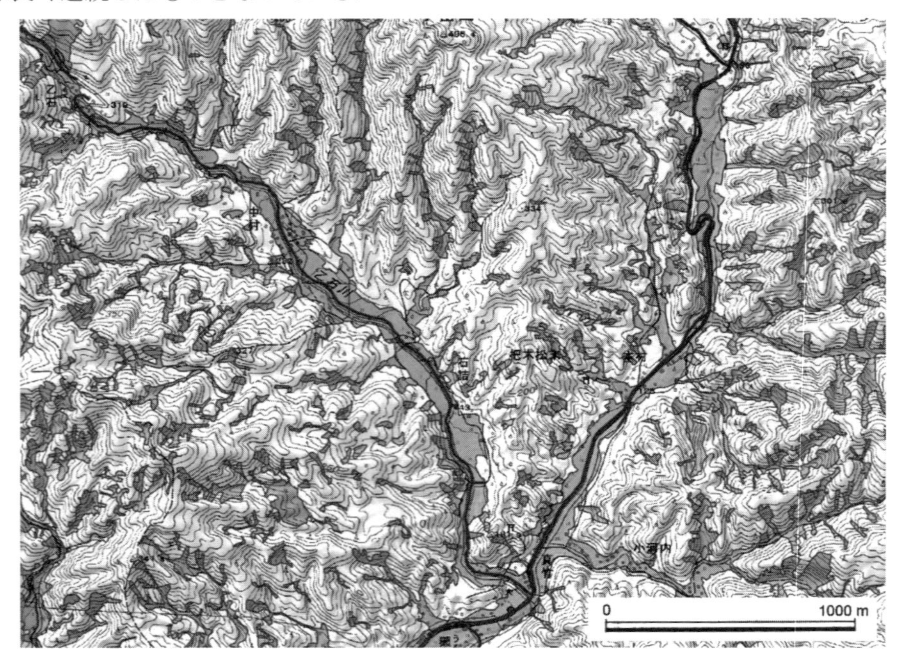

図 IV-4-1　平成 29（2017）年 7 月九州北部豪雨で大きな被害を出した福岡県赤谷川流域の崩壊地と谷底平野における土砂の氾濫域（国土地理院技術資料 D1-No.873 による）

谷底平野は，初期の稲作が始められた場所の 1 つでもあるが，わが国ではその後も現在に至るまで水田として利用されている所が多く，山地や丘陵斜面と谷底平野との境界付近には集落が多く立地している．近年，2017 年の平成 29 年九州北部豪雨や 2018 年の平成 30 年 7 月豪雨（西日本豪雨）などにおいて，このような山間の谷底平野における中小河川の氾濫や土砂災害が頻発しており，その危険性に注目が集まっている（図 IV-4-1）．

とくに，流域の山地や丘陵において崩壊が起こった場合には，崩壊土砂が土石流として谷を下り，谷底平野を破壊したり埋め尽くしたりするといったことも発生する．崩壊土砂には数mにも及ぶ巨礫・岩塊などが含まれることも多く，民家をはじめとする谷底平野に立地する家屋を破壊し，多大な被害を引き起こす．また，多量の土砂によって谷底が埋積され，元の状態に復旧することが困難となることもしばしばである．（写真 IV-4-1 ～ 3，図 IV-4-2）

写真 IV-4-1　浅瀬石川谷底平野における洪水流の直撃を受けた民家と農作業車（青森県黒石市，1975 年 8 月撮影）

写真 IV-4-2　土石流で堆積した岩塊と土砂（2011 年 3 月インドネシア・ジョグジャカルタ市近郊にて撮影）

写真 IV-4-3　土石流に埋まった民家（2011 年 3 月インドネシア・ジョグジャカルタ市近郊にて撮影）

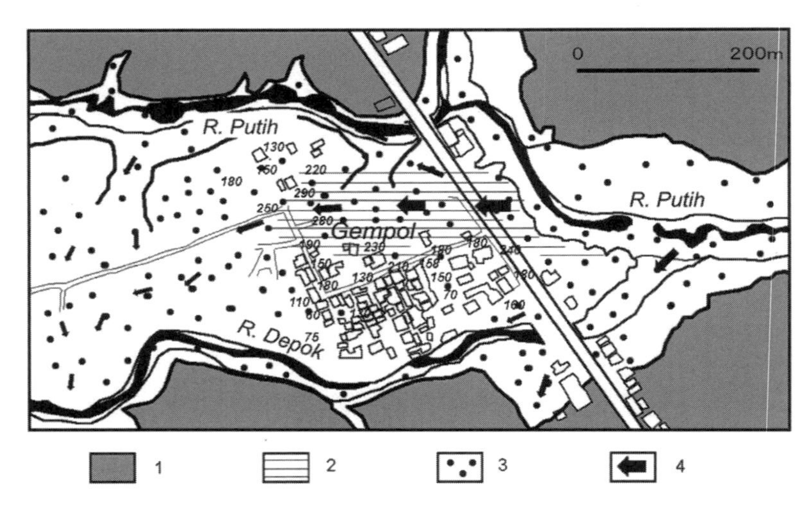

図 IV-4-2　インドネシア Putih 川谷底平野の土石流被害（Umitsu et al. 2013）
1．山地斜面，2．顕著な被災地域，3．土石流堆積地域，4．土石流の流向．

一方，谷底平野は山地や丘陵地にみられるばかりでなく，図 III-3-2 に示すように台地上にも発達している．しかしながら，最近はビル群などが林立していて，桜の名所の目黒川のようにその場所を流れる川は意識されるものの，その両岸の低い土地が谷底平野であるということに気づかないことも多い．また，浅い谷底平野の場合には谷地形がそれほど顕著でないため，普段はそこが谷であるという実感が湧かない．しかしながら，そのような場所でも豪雨時などには雨水が集中し，台地上に位置するにもかかわらず水害が発生することがある．

近年，そのような都市部における水害を軽減するために，地下貯留が進められている．東京では図 IV-4-3 に示すような神田川・善福寺川・妙正寺川を南北に結ぶ大規模な地下トンネルによる神田川・環状七号線地下調節池が建設されているほか，渋谷駅付近から古

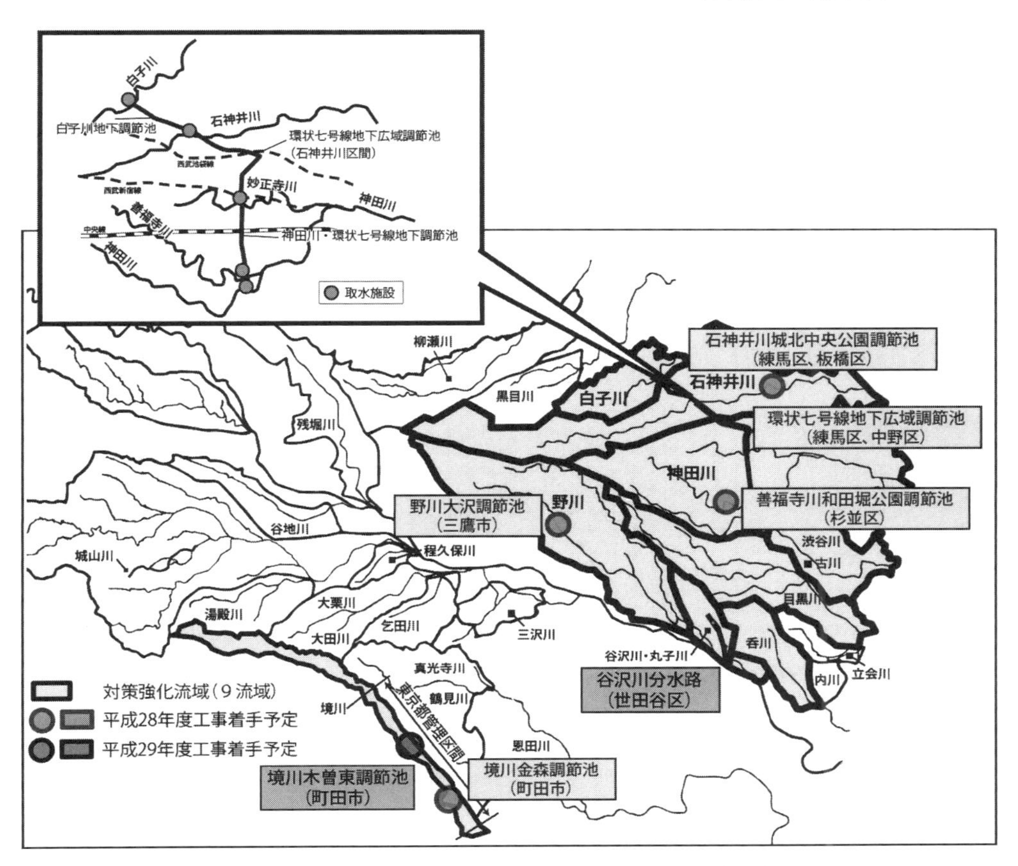

図 IV-4-3　東京都山の手地域における調整池・分水路の建設計画
東京都建設業協会ホームページ（http://www.token.or.jp/magazine/g201611.html）による．

川沿いに東京湾沿岸を結ぶ幹線下水道や地下調整池などの建設も進められている（増田・高崎 2005，東京都建設局 2013）．

IV-5　三角州・海岸平野の土地条件と自然災害リスク

IV-5-1　軟弱地盤と地震

わが国の臨海部における沖積層は第 II 章で述べたように，第四紀末期の海水準変動の影響を受けており，更新世末期までの地層を刻んで最終氷期の低海水準期に形成された谷やその谷の両岸に発達した段丘を埋積した海成層が厚く堆積している．それらは縄文海進高頂期に向けて拡大した入り江・内湾の底や干潟などに生息していた貝化石を多く含んでおり，また，それらの縁辺部ではや植物繊維からなる腐植物や泥炭層などが見られることも多い．また，堆積物は大部分が浅層地下水で満たされており，極めて軟弱である．

図 IV-5-1 は，土木工事において実施されるボーリング調査結果を示した柱状図の例で，左から縦軸に深度を示し，地層の境の標高，深さ，層厚を数値で記入している．その右には現場確認記録として土質名，色調，混入物などに関する記事を堆積物の種類を示す記号・

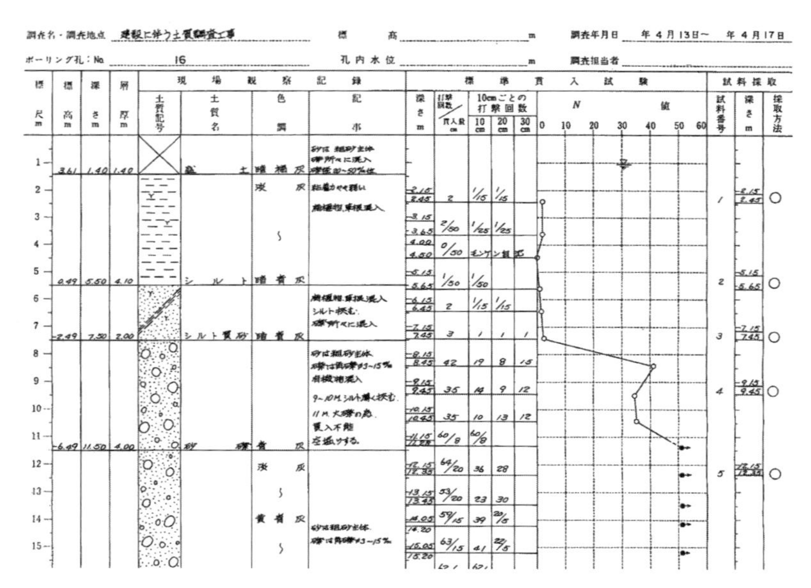

図 IV-5-1　土木工事におけるボーリング柱状図の例
深度 7.5 m 付近までの標準貫入試験値（N 値）は 0 ～ 3 程度で，非常に軟弱であることを示している．

パターンによる柱状図と共に示し，その右に標準貫入試験結果（N 値）の打撃数とグラフが示されている．標準貫入試験とは地層の固さを把握するための試験で，63.5 kg のモンケンとよばれる重りを 30 インチ（約 76 cm）の高さから落として杭の先端が 30 cm 沈むのに要する回数を示すもので，地層が軟らかければその回数は少なく，固ければ多くなるが，50 以上はカウントしない．

図 IV-5-1 では地表付近に約 1.5 m の盛土があり，その下に 4 m ほどの層厚をもつ腐植物を含むシルト層が堆積している．このシルト層の N 値は 0 ～ 2 程度で 4 m 付近では自沈，すなわち杭打ちをしなくても沈んでいく状態となっている．その下位の 5.5 ～ 7.5 m 付近までのシルト質砂も 0 ～ 1 と軟弱であるが，その下に堆積している砂礫層は 7.5 ～ 11.5 m 付近が 30 ～ 40 の値を示し．かなりしまった状態であることがわかる．さらにその下位の砂礫層は N 値 50 以上となっていて，非常に固い地層である．

このように堆積物の種類によって N 値が異なるが，同じシルト層や砂層でも，より深い部分では沖積層一般の値より高い 30 以上の値を示すものがあり，多くの場合，それらは最終氷期の海面低下以前の更新世（あるいはそれ以前に）堆積した地層であると考えられる．なお，柱状図の 11.5 m 以深の砂礫層は非常にしまった固い地層であるが，7.5 ～ 11.5 m の砂礫層は同じ砂礫層でも N 値がやや低い．これは下位の固い砂礫層が削られて再堆積した 2 次堆積の砂礫層である可能性がある．また，もしこの砂礫層が深い埋没谷のへりに発達していれば海面の低下期に形成された河岸段丘の構成層であるとも考えられるが，この地点の柱状図だけでは十分な判断ができない．

このようなボーリング資料によって，沖積低地の地下の状態を把握することができる．すでに第 I 章で久慈川低地の沖積層のボーリング柱状図を紹介したが，多くの沖積低地の臨海部では厚いシルト・粘土層が堆積していて軟弱地盤を構成しており，測線に沿うボー

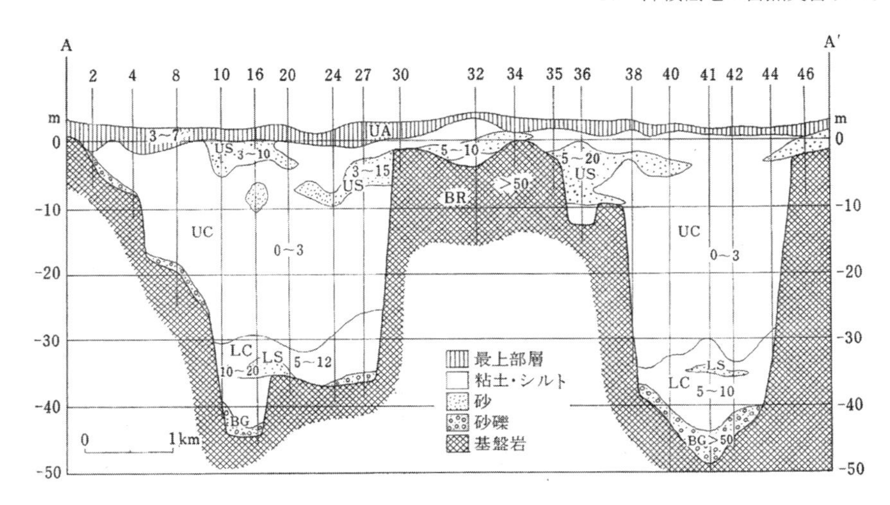

図 IV-5-2　溺れ谷に堆積した厚い粘土層によって軟弱地盤をなす横浜付近の地質断面図（松田ほか 1978）

リング柱状図にもとづいて描かれた地質断面図では低地の地下の様子が明瞭に示される（図 IV-5-2）.

このような沖積層の地層の特性は，地震時の揺れやすさと深く関わっている．これまでも松田ほか（1978），諸井・武村（2001），松田（2006），松田（2009）など多くの研究によって地盤条件と地震被害との関係が検討されており，埋没谷の部分では軟弱な沖積層が厚く堆積していて，大規模な地震の際に大きな被害が出たことが示されている．

1923 年 9 月 1 日に発生した関東大震災では，東京下町の火災による消失地域は南千住から浅草，亀戸を結ぶ線の西側の地域にあたっており，その大部分が当時の浅草区，本所区，日本橋区，京橋区，深川区などの東京低地に位置していて，これらの地域がすでに住宅密集地域であったことがわかる．この関東大震災の際には沖積低地における軟弱な地盤が木造家屋の被害に大きく影響していることも指摘されていて，大崎（1983）によると木造建築物の被害率は沖積層の厚さが 40 m の場所で 40 % に，50 m の場所で 100 % に達する例があったとされる．また，松田（2006）は，木造家屋の全潰率が高いのは沖積層の厚さが 30 ～ 40 m におよぶ本所区・深川区と北部が本所台地上に位置する浅草区，神田川の谷底低地に位置する神田区であり，安政江戸地震でも同様の傾向が出ていることなどを指摘している．

そのような軟弱地盤は図 II-4-4 で示される沖積層の基底地形などと関わるほか，縄文海進時に拡大した内湾底に堆積したシルト・粘土層などの分布とも関係している．図 IV-5-3 は防災科学技術研究所が公開している「揺れやすさマップ」を示したものであるが，この図をみると関東地方における揺れやすさの分布と縄文海進によって拡大した内湾の底に堆積した軟弱地盤の分布とが極めて良く対応していることがわかる．

海水準変動による沖積層の層相変化は，基本的には第 II 章で示した関東平野の中川低地や多摩川低地などと同様に日本各地に共通する現象であるが，軟弱地盤の分布は平野の特性によって異なる．濃尾平野では濃尾傾動地塊運動の影響を受けて西に向けて沈降しており，拡大した内湾は関東平野のように台地と台地にはさまれた部分に細長くのびるのではなく，平野の南西部を中心として広い範囲にわたってひろがっている．図 IV-5-4 は濃

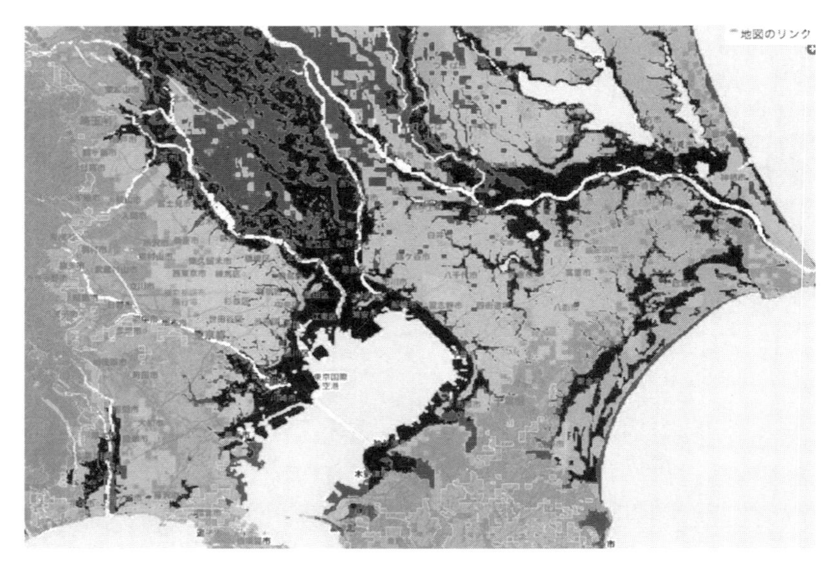

図 IV-5-3　関東地方の揺れやすさマップ
防災科学技術研究所「J-SHIS 地震ハザードステーションマップ」の揺れやすさを示す値のうち 2.5-3.0 を黒，2.0-2.5 を濃い灰色で示している．

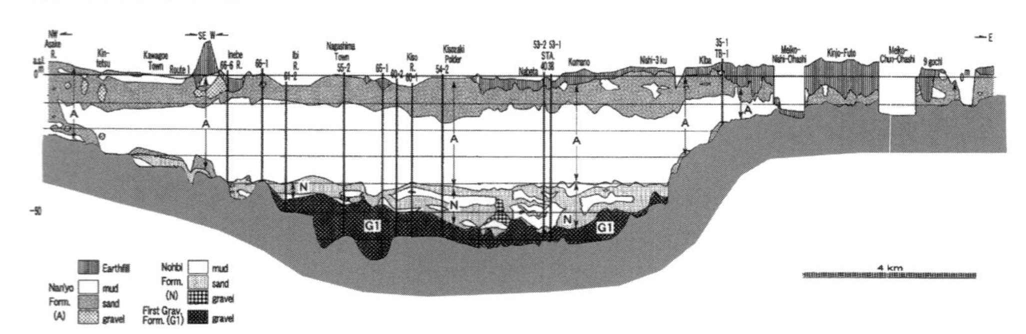

図 IV-5-4　濃尾平野臨海部の地質断面図（牧野内ほか 2001 を一部改変）© 日本地質学会
A：軟弱地盤を構成する厚い泥層とその上に堆積している砂層からなる熱田層．N：沖積層下部に堆積している濃尾層，G1：沖積層の基底をなす濃尾第一礫層．

尾平野臨海部における東西方向の地質断面図を示したもので，この部分では幅 8 km ほどの基底部に礫層とそれを覆う砂泥互層の堆積する埋没谷が存在し，その上に縄文海進によって拡大した内湾の底に底置層及びその延長部として堆積した厚い泥質層分布する．その厚さは多くの臨海平野において 20 m あるいはそれ以上にも達する．

このような泥質層は貝化石を多く含むシルト，粘土，砂質シルトなどよりなり，きわめて軟弱で沖積平野における軟弱地盤を構成している．この泥質層上には河川が運んできた砂質堆積物が前進的に堆積して形成された上部砂層が堆積しており，その厚さは 5 ～ 10 m 程度である．三角州に近い氾濫原や三角州に立地する多くの建物は，この上部砂層やそれを薄く覆う氾濫原堆積物上に建設されているが，支持基盤としては十分でないので，ビルなどの重量の大きな構造物はこの砂層や下位の泥質層の下に分布する比較的固い更新世の地層まで基礎をおろしている．また，縄文海進にともなって入り江が形成されたものの，上

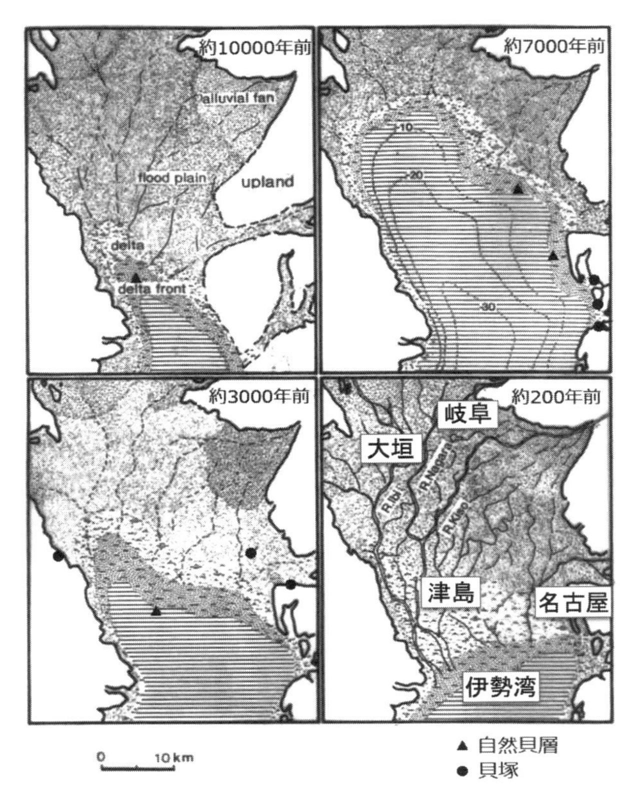

図 IV-5-5　完新世における濃尾平野の古地理変遷（海津 1988 を一部修正）

流域からの砂質堆積物の供給が少ない低地は溺れ谷の状態が長くつづき，大河川下流部の三角州のように顕著な上部砂層が形成されなかった所が多い(図IV-5-2)．そのような所では，横浜の大岡川低地などのように軟弱な泥層が厚く堆積していて，松田ほか（1978）が示すように地震時の揺れや被害が大きくなっている．

なお，濃尾平野では海進によって拡大した内湾の軟弱な堆積物は現在の海岸線から 25 km 以上も内陸まで分布している．そのような堆積物の分布状態にもとづいて復元された古地理図（図 IV-5-5）をみると，内湾の拡大範囲は広く，軟弱地盤はかなり広い範囲に分布していることがわかる．同様の沖積層が広く分布する地域は，新潟平野など沈降傾向が顕著に見られる平野において顕著で，大阪の河内平野などでも軟弱な沖積層が広く分布している．

IV-5-2　高潮

高潮は，台風や低気圧などに伴う気圧の低下によって地表や海面に及ぼす大気の圧力が弱まり，周囲に比べて台風や低気圧の中心付近における海面の高さが通常より高くなる現象である．とくに，台風や強い低気圧の場合には気圧の低下に伴う海面の上昇だけでなく，強烈な風による吹き寄せ効果が加わり，海岸域における海面の高さが著しく高くなる．その結果，海水は海岸堤防を乗り越え，場合によっては海岸堤防を破壊して陸域に一気にひろがり，高潮災害が発生する．

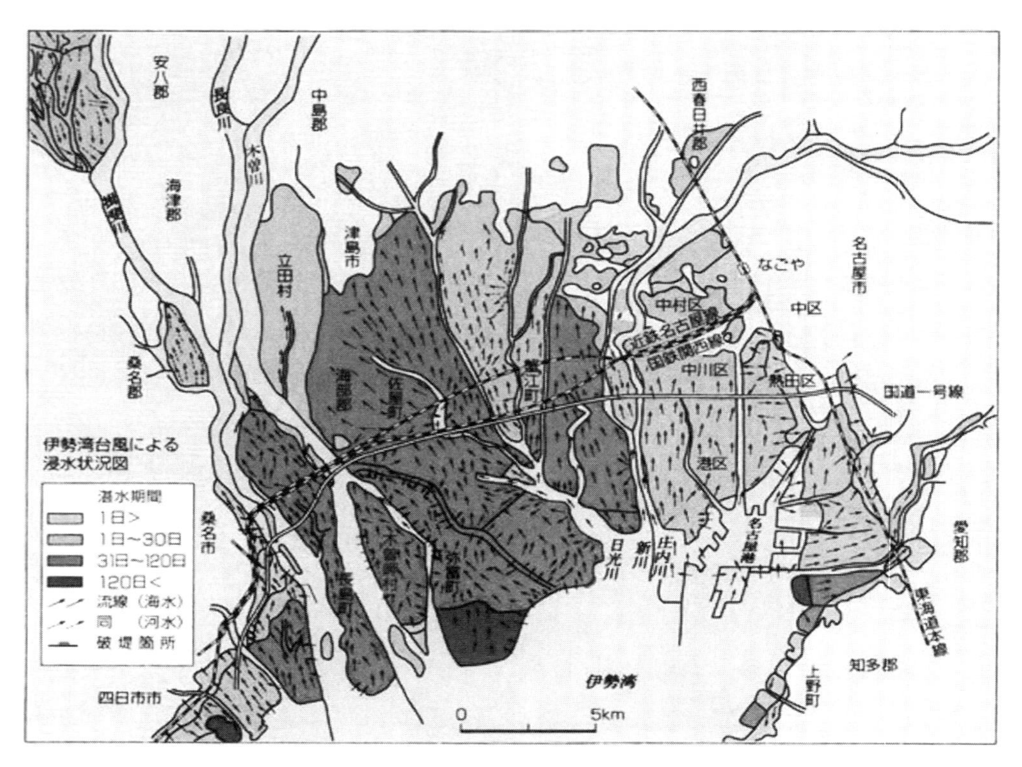

図 IV-5-6　1959 年伊勢湾台風による高潮の流線と湛水日数（名古屋市総務局 1997）

三角州などの臨海部の低地では海抜高度が低く，とくに干拓地がひろがる三角州の末端のような地域では，海面とほぼ同じかやや低い土地が広く分布しているため，高潮によって海水が海岸堤防を乗り越えたり海岸堤防を破壊したりすると広い範囲が水没してしまう．また，東京下町地域や濃尾平野南部のように地下水のくみ上げによって地盤沈下が起こり，地盤高が海面下となっているいわゆるゼロメートル地帯では，海岸堤防が破壊されたりした場合には通常でも広大な地域が一気に水没する危険性が高い．

高潮の発生は，津波と同様に湾口に比べて湾奥が狭まった形をなす湾や入り江の奥で顕著であり，東京湾や伊勢湾，大阪湾，有明海などの沿岸地域が被害を受けやすい．また，海岸域に低地がひろがる瀬戸内海でもしばしば高潮被害を受けてきた．世界的には，楔形に開いたベンガル湾の奥に立地するガンジスデルタにおけるサイクロン災害が顕著である．

わが国では，1959 年 9 月に襲来した伊勢湾台風によって濃尾平野南部を中心とする伊勢湾沿岸地域などで著しい高潮が発生し，5,000 人以上の人々が犠牲になった．伊勢湾台風による高潮は海岸堤防が各所で破壊され，高潮による氾濫水は通常の河川による洪水とは異なって海岸から内陸に向けてひろがった（図 IV-5-6）．この高潮は，濃尾平野南部において著しい水害を引き起こしたほか，名古屋市南部では貯木場に蓄積されていた輸入材を浮遊させ，直径数mにも及ぶ大量の木材が陸側の建物を破壊して多くの犠牲者を出した．なお，濃尾平野の南部では明治以降においても 1889 年，1896 年，1912 年など高潮による被害を繰り返し受けている（総理府資源調査会事務局 1956）．

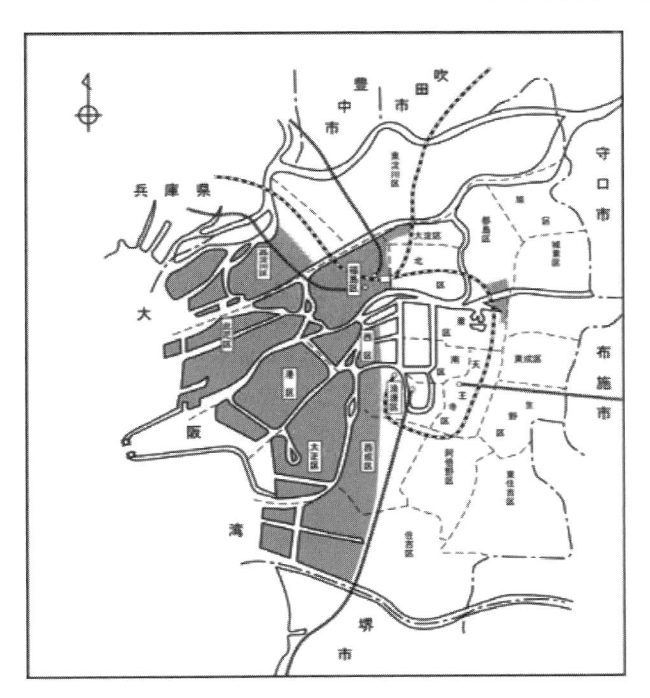

図 IV-5-7　1934 年室戸台風による浸水区域（大阪湾高潮対策協議会 2010）

濃尾平野と同様に，標高の低い土地が広く分布する東京低地や大阪平野でも高潮災害が発生している．土屋（2012）によると，東京湾沿岸では 1917（大正 6）年 10 月 1 日に最高潮位 AP4.2 m に達する台風による高潮によって，死者・行方不明者数が全国で 1,324 人，うち東京都と神奈川県で 613 人に達し，全壊家屋は全国で 43,000 戸余り，うち東京都と神奈川県で 4,733 戸に達するといった大きな被害を出している．また，千葉県浦安町では全町が水没するなど床下浸水は 30 万 3,000 戸に及んだという．さらに，Matsuda（2005）によると，同年 10 月 30 日には潮位が TP3.08 m に達する高潮によって，563 名が犠牲になり，流失家屋 1,257 戸，浸水家屋 180,338 戸という被害が発生し，その後も 1938 年 8 月 31 日，1949 年 9 月 1 日，1958 年 7 月 23 日などにも高潮の被害によって，それぞれ 402 人，896 人，385 人の犠牲者を出している．

一方，大阪でも上町台地の東側や北側の地域において台風の襲来による高潮災害が繰り返し発生していた．1934 年 9 月 21 日に襲来した室戸台風では，高潮によって平均海面から 4 m を超える海面上昇が発生し，大阪湾沿岸の大阪市此花区，港区，大正区などで浸水被害が発生し，大阪府内では床上，床下併せて約 16 万 7,000 戸余りが浸水し，死傷者数は約 1 万 8,000 人にまで及んだ（大阪湾高潮対策協議会 2010）．また，この高潮は大阪市内だけでなく，沿岸の尼崎市や堺市などでも大きな被害が発生した．この後も，1950 年 9 月 3 日に襲来したジェーン台風や 1961 年 9 月 16 日に襲来した第二室戸台風などによって高潮災害が発生し，大阪湾に面する大阪平野の沿岸地域では大きな被害を受けた．このうち，ジェーン台風では室戸台風の浸水域とほぼ同様の地域が浸水し，とくに海岸線に沿った地域では水深が 2 〜 3 m におよんだ．その結果，大阪府内では床上浸水が

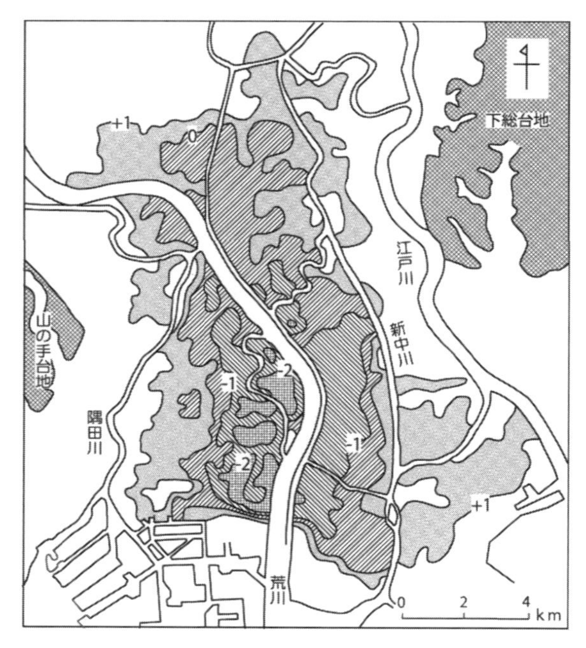

図 IV-5-8　東京低地主要部の地盤高（松田 2013）

写真 IV-5-1　木曽川三角州における地盤沈下観測所と海抜 0 m の表示

45,406 戸，床下浸水が 35,058 戸に及んだとされる（大阪湾高潮対策協議会 2010）．また，上町台地西側の大阪平野西部の臨海地域は，干拓地に由来する低平な土地であるため，北側の尼崎などとともに全体として地盤が極めて低く，さらに地下水のくみ上げによる地盤沈下が顕著であったことから，その被害が著しいものであった．

なお，東京低地をはじめとする大平野の沖積低地では，明治以降地下水くみ上げによる地盤沈下が進行し，海抜 0 m 以下の土地が広い地域に分布している（図 IV-5-8）．また，将来的には温暖化によって巨大化した台風の襲来によって著しい高潮が発生し，下町低地一帯で大規模な浸水被害が発生することが心配されている（松田 2013）．

このような高潮災害は，日本のみならず諸外国でも発生している．記憶に新しい所で

写真 IV-5-2　高潮によって多くの家屋が流失したサンドウイップ島の集落（1991 年 5 月撮影）
写真左上に示されるように海岸線では顕著な海岸侵食も発生した．

写真 IV-5-3　高潮の直撃を受けたサンドウイップ島の海岸付近（1991 年 5 月撮影）
建物の多くは流され，残骸がわずかに残るのみである．

は，2005 年 8 月 29 日にアメリカ合衆国ニューオーリンズ付近に上陸したハリケーン・カトリーナが 7 m にも達する高潮を引き起こし，アメリカ合衆国史上最悪と言われる被害をもたらした（高橋ほか 2006）．また，2013 年には台風ハイエンによる高潮でフィリピンのレイテ・サマール島において多大な被害が発生し，死者 6,201 人，行方不明者 1,785 人，被災者 1,608 万人，家屋損壊 114 万棟といった多大な被害が発生した（国土交通省 2013）．

さらに，ベンガル湾に面したバングラデシュの沿岸部では，インド洋で発生したサイクロンが湾の奥に襲来することによってたびたび著しい被害を受けてきた．なかでも 1970 年 11 月に襲来したサイクロン・ボーラによる被害では，30 万～ 50 万人というおびただしい数の犠牲者が出た．

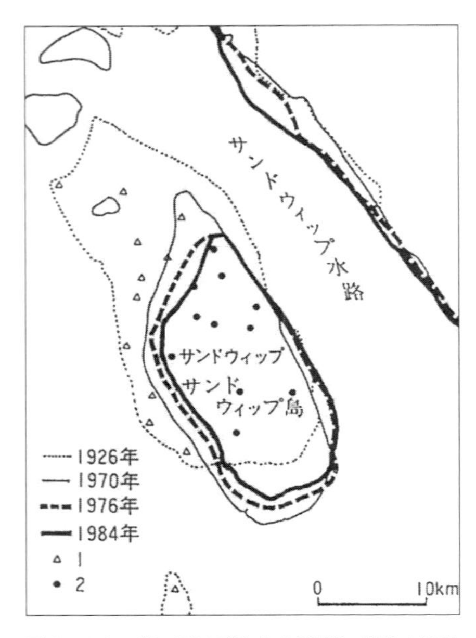

図 IV-5-9 ガンジスデルタ先端部に位置するサンドウイップ島の海岸線の変化（海津 1991）
1. 消失した主な村，2. 1984 年時点で現存する主な村.

この地域にはその後も繰り返しサイクロンが襲来して高潮災害が発生しているが，1991 年 4 月末に襲来したサイクロンは史上最大規模の最大風速 85 m/sec を記録し，7 m にも及ぶ高潮を引き起こした．その結果，ベンガル湾に面した地域で海面とほぼ同じ高さの土地に生活する多数の人々が洗い流され，公式には 13 万 8,000 人，非公式には 30 万人の人々がわずか数時間の間に命を落とした．とくに，ガンジス川河口付近に分布する三角州特有の低平地では，貧弱な海岸堤防が破壊され，強烈な高潮の流れによって海岸沿いの地域に分布する多くの集落が流失した（写真 IV-5-2）．さらに，軟弱な泥質層からなる海岸の土地そのものも削り去られ，顕著な海岸侵食も発生した（海津 1991，Umitsu 1997）．

このような高潮災害と海岸域の変化は過去にも繰り返し発生しており，1926 年発行の地図と 1984 年発行の地図とを見比べると，ガンジス川の河口部に位置するサンドウィップ島では島の半分近くが消失していて，そこにあった数多くの村が消えてしまっている（海津 1991）．

IV-5-3 津波

津波は，地震などによる海底の地殻変動や海底地すべりなどによって発生する海水の波動現象で，顕著な波が海岸域に襲来することによって，海岸域に多大な被害を引き起こす．その伝播速度は海域の深さと関係しており，水深 5,000 m では時速 800 km にも達する．このスピードはジェット機とほぼ同じ速さであり，2004 年のインド洋大津波の際には震源域のスマトラ島沖からインド・スリランカを経て，地震発生後 8 ～ 9 時間でアフリカの東海岸に津波が到達している．

津波は海岸域に達するとその伝播速度を落とすが，高潮と同様に海岸部の地形の影響を強く受ける．2011 年 3 月 11 日の東北地方太平洋沖地震に伴う津波被害は我々の記憶に深く残っており，三陸地方や仙台平野，石巻平野さらに関東地方沿岸部などをはじめとして太平洋沿岸地域で多くの津波被害が発生した．この地震による犠牲者の 90 %は津波による犠牲者で，行方不明者を合わせるとその数は 1 万 8,000 人を超える．

津波の襲来を受けた地域のなかでも，湾口が開いた奥行きのある湾ではとくに津波の高さが高まることが知られており，湾奥の谷底平野では顕著な被害を受けることが多い（図 IV-5-10，写真 IV-5-5）．また，湾奥のほか外洋に面した斜面でも津波が収斂する様な場所では 30 m を超えるような高さにまで達している．

また，広い範囲にわたって低平な土地がひろがる海岸平野や三角州などでも，高潮災害

写真 Ⅳ-5-4　2004 年インド洋大津波で破壊されたインド東岸チェンナイにおける海岸の民家（2007 年 3 月撮影）

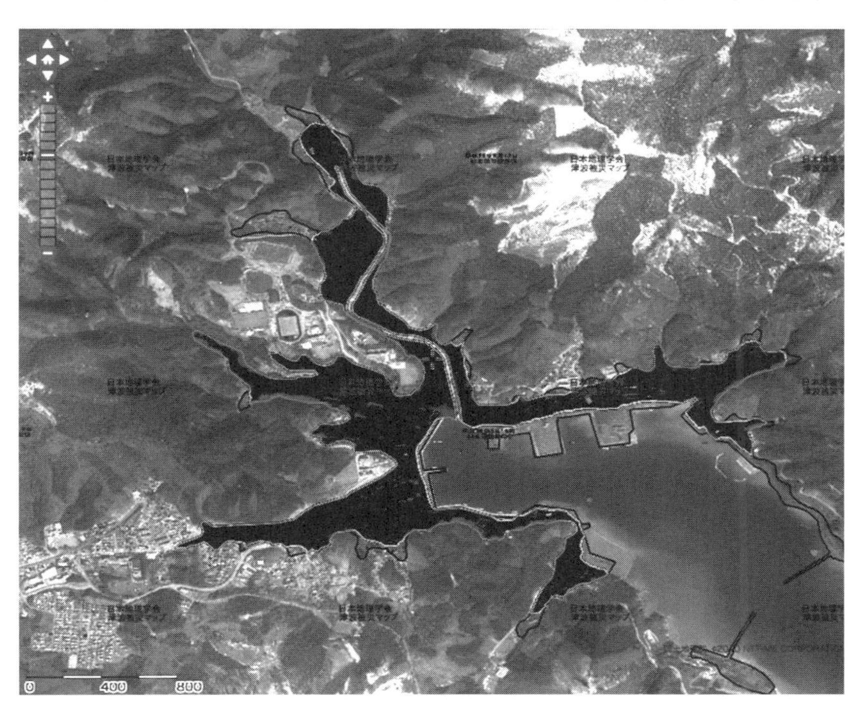

写真 Ⅳ-5-10　日本地理学会災害対応本部による津波被災マップで示された宮城県女川町の津波被災地域（黒色の部分）．湾に面した海岸低地や谷底平野の部分が被災している様子がわかる．（http://danso.env.nagoya-u.ac.jp/20110311/）

と同様に津波が大きな被害を引き起こす．東北地方太平洋沖地震による津波では，仙台平野や石巻平野において海岸から数 km 内陸まで津波が遡上し，臨海域の建物が著しく損壊したり流失したほか，海岸線から 2 〜 3 km 離れた内陸部でも浸水したり建物の損壊が生じた．

わが国ではこれまでも繰り返し津波が発生し，大きな被害を出してきた．とくに，東北

写真 IV-5-5　宮城県女川町の谷底平野における被災状況（2011 年 4 月撮影）

地方太平洋岸の三陸地方では明治時代以降でも 1896 年 6 月 15 日の明治三陸津波，1933 年 3 月 3 日の昭和三陸津波といった大きな津波を経験しており，その後も，日本各地では 1944 年 12 月 7 日の昭和東南海地震，1946 年 12 月 21 日の昭和南海地震，1952 年 3 月 4 日の十勝沖地震，1983 年 5 月 26 日の日本海中部地震，1993 年 7 月 12 日の北海道南西沖地震などによって津波が発生し，多くの犠牲者を出している．

また，1960 年 5 月 22 日には南米のチリで発生した地震によって太平洋を越えて津波が襲来し，日本の沿岸地域でも死者・行方不明者 142 人を出すなど被害が発生している．このような津波は，地震の震源から遠く離れた地域においても津波が襲来し，被害を受けることがあるということを示しており，遠隔地津波とよばれている．チリ地震津波の際には三陸海岸や紀伊半島をはじめとする太平洋沿岸の入り江の奥の沖積低地になどおいて著しい津波の被害を受け，陸前高田市脇之浜で 6.1 m，宮古市津軽石で 5.8 m などの津波高を記録している（渡辺 1985）．

また，後述するインド洋大津波でも遠く離れたインドやアフリカの沿岸地域でも津波の被害を受けており，スリランカでは東海岸を走る列車が津波の不意打ちを受けて多数の人々が犠牲になった（写真 IV-5-6）．

このような地震津波のほか，1741 年 8 月 29 日（寛保元年 7 月 19 日）には北海道南西沖の渡島大島が火山性地震によって山体崩壊を起こして津波が発生し，渡島半島などの沿岸地域で 2,000 人を越える人々が犠牲になった．また，1792 年 5 月 21 日（寛政 4 年 4 月 1 日）には雲仙普賢岳眉山の崩壊によって対岸の肥後の地域などで大きな津波被害が発生したことなどが知られている．最近では 2018 年 12 月 22 日にインドネシアのジャワ島とスマトラ島との間のスンダ海峡にそびえるアナク・クラカタウ火山（写真 IV-5-7）の噴火にともなって海底地すべりが発生し，スンダ海峡沿岸地域において津波による被害が発生している．

写真 IV-5-6　スリランカ東岸の慰霊碑と被災列車を描いたレリーフ（2007 年 3 月撮影）

写真 IV-5-7　噴火前のアナク・クラカタウ火山（2005 年 9 月撮影）

ところで，インドネシアでは 2004 年 12 月 26 日に発生したスマトラ島沖地震によるインド洋大津波で津波によって海岸地域に多大な被害があり，震源地に近いスマトラ島北端部のバンダアチェ海岸平野や西海岸では 10 m を越える津波が襲来し，海岸地域の集落や建物の多くが洗い流された．この津波では前述したようにインドネシアのみならずインド洋沿岸の多くの国々が津波の被害を受け，20 万人以上の人々が犠牲になった．

このスマトラ島沖地震に伴うインド洋大津波では，タイのマレー半島部アンダマン海に沿岸のナムケム平野やカオラック平野でも海岸平野の大部分が津波に洗われ，多くの犠牲者を出すとともに平野に立地するリゾート施設などが被害を受けた（写真 IV-5-8）．また，スマトラ島北部のバンダアチェ海岸平野では海岸線から 3 〜 4 km 内陸まで津波が侵入し，干潟的な低平地の大部分が洗い流され，さらに内陸側の地域でも多数の建物が流失した．津波の高さは地表面から数 m から 10 m 近くに達してレンガ造りの建物も 2 階まで著しく損傷したり流失したりした（写真 IV-5-9）．

このように，東北地方太平洋沖地震やスマトラ島沖地震による津波ではそれまで注目されていたリアス海岸の湾奥に見られるような小規模な沖積低地のみならず，仙台平野やバンダアチェ海岸平野のような比較的広い海岸平野においても，海岸から数 km の範囲が大規模な津波被害に遭ったという点で注目される．また，そのような比較的大きな海岸平野における津波の被害は，それらの地域における津波堆積物の調査によって過去にも発生していたことが知られるようになっている（澤井ほか 2007，宍倉ほか 2007）．

なお，図 IV-5-11 は空中写真から復元した仙台平野中央部における津波の流動方向を示したもので，陸上での津波遡上波の流れの多くは海岸から内陸に向けて勢いよく遡上して

写真 IV-5-8　津波を受けたタイ国カオラック平野のリゾート施設（2005 年 3 月撮影）
津波はちょうど屋根のへりの高さで内陸に向けて侵入した．海に向けて建ち，津波の直撃を受けた左側の建物は瓦がめくれあがるとともに壁がなくなっている．

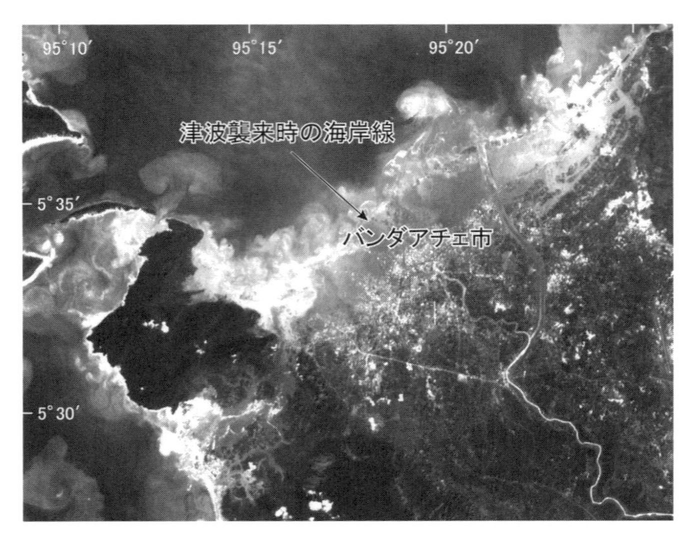

図 V-5-11　津波襲来直後のバンダアチェ海岸平野を示す SPOT 画像（Umitsu 2007 を一部改変）

いるのに対し，遡上した海水が海へ戻る時にはより低い所を目指しながら流れるという傾向を読み取ることができる．このような流れは，タイの海岸平野やインドネシアスマトラ島北西岸の海岸平野でも認められ，とくに護岸がしっかりと整備されていない中小河川では引き波（戻り流れ）の浸食によって河口付近で顕著な河岸浸食が発生し，海に向けて楔形に開いた平面形の河口部となってしまった例が多く見られる（海津 2006，Umitsu et al. 2007，Umitsu, 2016）

一方，歴史的にみると，普段我々があまり意識していない地域でも津波による被害が発生している．なかでも，現在多くの人々が生活し，経済・文化の中心地の１つである大阪市の臨海地域では，1707（宝永 4）年の宝永地震や 1854（嘉永 7）年の安政南海地震において，遡上してきた津波によって多くの舟が流されたり橋が落ちたりして多数の犠牲者

写真 IV-5-9　津波によって２階部分や屋根まで流されたバンダアチェ海岸平野の民家（2005 年 9 月撮影）

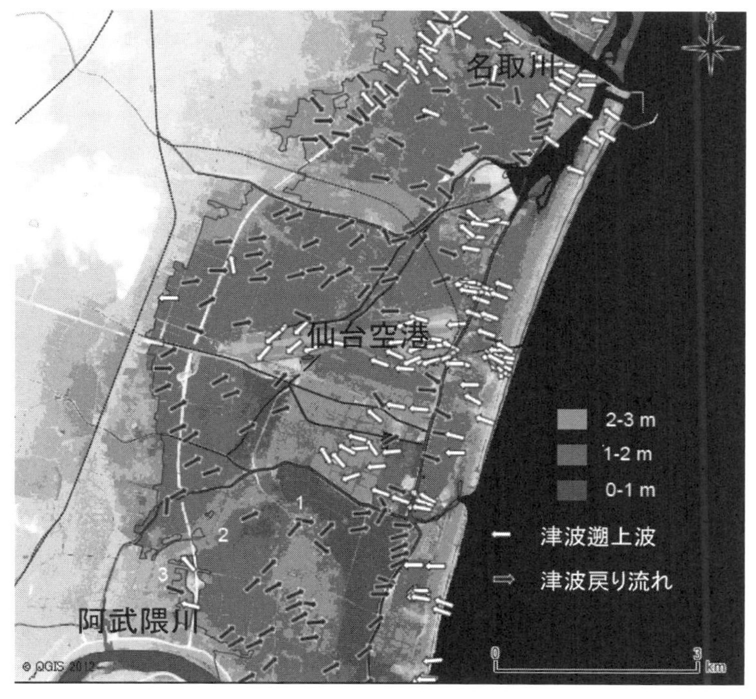

図 IV-5-12　空中写真から復元した仙台平野中央部における津波の流動方向（Umitsu 2016 を一部改変）

写真 IV-5-10　石巻平野に建てられた「がんばろう！石巻」の看板と被災した建物群（2011 年 4 月撮影）

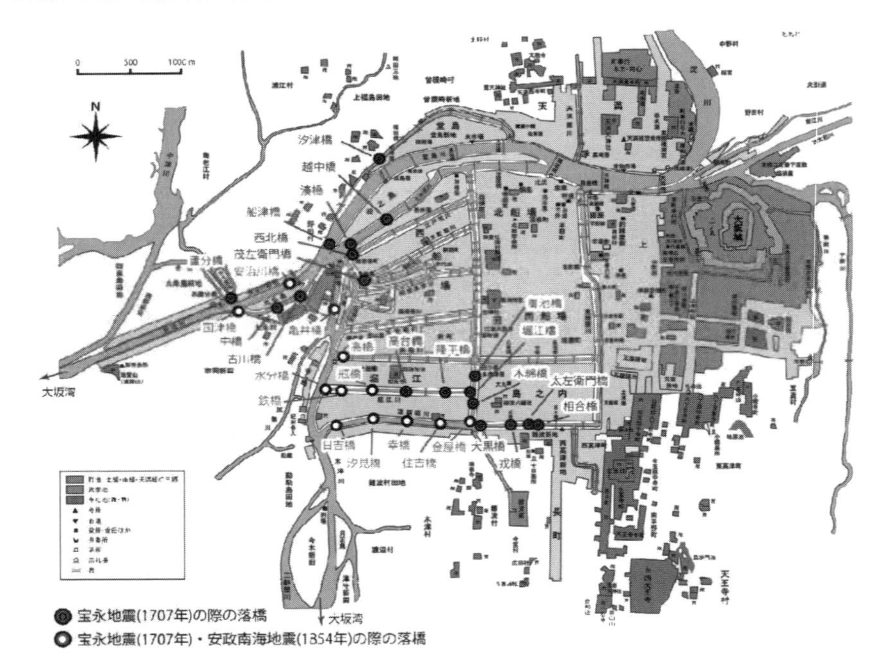

写真 IV-5-13　宝永地震（1707 年）（●）および宝永（1707 年）・安政南海地震（1854 年）（◎）の際の大坂市中での落橋の分布（内閣府 2014）

が出ている．とくに，堂島川や安治川，木津川などの河口付近や，大坂の中心部に張り巡らされた東西の横堀川，土佐堀川，長堀川，道頓堀川などの人工的な水路の沿岸などでは，市街地や港湾施設が集積して活発な経済活動がおこなわれていたが，水路にかかっていた多数の橋に津波で運ばれた舟などがぶつかって被害を大きくしたとされる（西山 2003, 2005，内閣府 2014）．

V　地形の把握と地形分類図

V-1　地形をどのようにとらえるか

V-1-1　土地条件としての地形と地形分類

地形の形成や発達を科学的に解明するという努力がなされている一方で，社会的には，さまざまな自然災害が地形との関係のもとに発生しており，土地条件としての地形を知ることが期待されている．

その場合，どのように地形を把握し，地形を示すのか，どのような地形を何とよぶのかといった点が重要になる．また，一般の人に対して地形をわかりやすく示す工夫も必要である．とくに，自然災害などにかかわって地形表現する場合など，厳密な地形学的議論をふまえて地形を表現すると，複雑で表現の難しい事例も起こりうる．一方，地形を区分して地図に示すとなると，地形の系統的な整理も必要である．

そのようなことから，国土地理院（地理調査所）において地形分類図作成の基礎を築いた中野（1952）は地形型という概念を提示した．中野（1956）によると，地形をとらえる視点には次のようなことがらがあるとする．①どのような構成物質（地質）からなるか，②どのような力がどのように働きかけるか，③どのようなメカニズムで形成されているか，④どのようなプロセスを経てきたか，⑤どのくらいの時間でできるか，⑥どのような形になったか，⑦出来上がった地形の分布，表面の理学的性質はどうなっているか，などの点である．また，地形学は地形の成り立ちやその形態の研究を主目的とするのに対し，地形分類ではあくまでも，土地の自然的特性の把握が主目的であるとした．そこで，地形分類にあたっては土壌型の考えを援用して地形型ランドフォームタイプの考えを提示し，①ほぼ同じ時期に形成され，②ほぼ同じ形態をなし，③同じ成因を持ち，④ほぼ同じ物質で構成された地表部分を地形型とした．そして，いくつかの地形型を形成するにあずかった外作用によって，地形型はより大きな群シリーズ，さらにそれらをまとめてランドフォームエリア（地形域）が構成されるとし，地形域は低地・台地・山地（丘陵を含む）の3つに統合されるとした．すなわち，地表の単位はほぼ同じ時期に形成され，ほぼ同じ形態をもち，ほぼ同じ成因，ほぼ同じ構成物質をもつ地形型であり，これが外作用の系統によって統合され，さらにより経験的な分類の目安で大別されるとし，このような地形分類の考えが次節で述べる地形分類図や土地分類図の作成へと発展した．

V-2　地形分類図の普及と展開

V-2-1　地形分類図の成立前史

わが国における地形研究で地形分類図が示されるようになったのは，一部の例外を除いて戦後のことである．戦前の地形研究の論文では辻村（1926 a, b）や辻村（1932 a, b, c）のように図が全く無く文章のみであったり，地形図や写真あるいは断面図，グラフ，見取

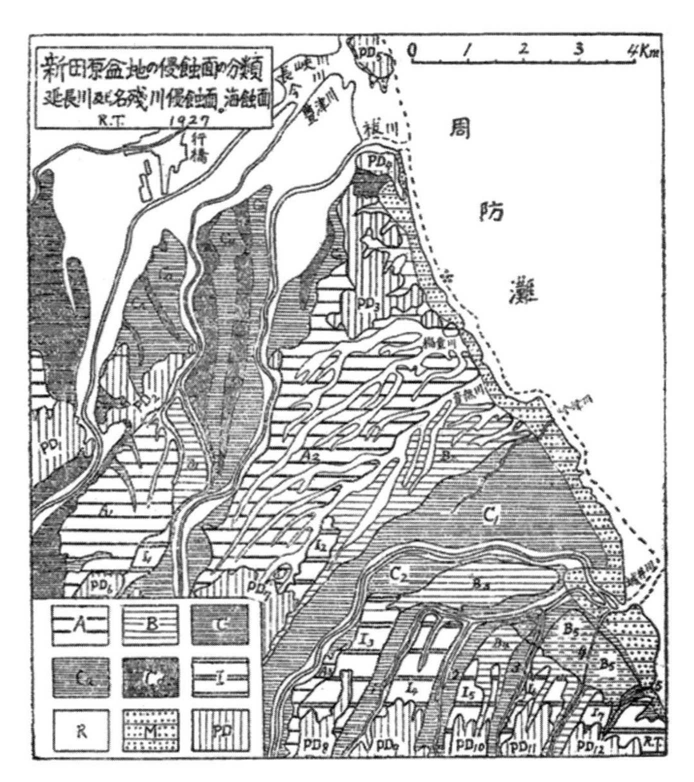

図 V-2-1　東木（1929）による周防灘沿岸新田原盆地の地形面区分図

り図などを示しただけのものが多く，地域の地形を面的にカバーする形で区分したというような図はほとんど見られなかった．

そのようななかで，1920 年代後半から 1930 年代にかけて精力的に論文を発表した東木竜七は，地形断面図や地形模式図だけでなく，地形を区分して地域の地形を面的に示すという地形区分図を示していて注目される．なかでも，東木（1926，1928，1930 a）では関東平野全域の地形区分および地形区分図を示して議論を展開しており，平野全域に及ぶ地形区分図が示されたという点でも注目される．これらに加え，東木（1929）は出身地の豊後地方について 5 万分の 1 スケールで詳しい地形区分図を示している．この地形区分図は基本的には段丘面区分図であるが，河岸に発達する沖積低地に加えて段丘面を刻む谷底平野なども丁寧に描かれており，この地形区分図によって現地の地形の状態を空間的かつ立体的に把握することが可能である．また，東木（1930 b）では「大宮運動地塊及中央低地の地形系統」あるいは「霞ヶ浦運動侵食谷（北西部）」とタイトルが付けられた地形区分図が示されている．これらは区分された地形の凡例が示されていない点が残念ではあるが，ほぼ現在の 5 万分の 1 あるいは 2 万 5,000 分の 1 スケールの地形分類図に相当する内容となっている．

これらの東木による地形区分図は，当時は空中写真の利用が困難な時代であったことから，地形図の読図作業にもとづいて丁寧におこなわれており，その過程は，東木（1930 a）において 5 万分の 1 地形図に地形界を書き入れた図が示されていることや，東木（1930 b）

図 V-2-2　東木（1930 a）による「猿島－相馬丘陵及び野田丘陵」の地形を地形図上で区分した作業図

において地形図にもとづいて作業した図を写真撮影して縮小したことなどが述べられていることからもうかがい知ることができる．

V-2-2　戦中・戦後の地形分類図の基礎が作られる時期

戦後に入ってから地形分類図作成に重要な役割を果たす空中写真は，戦前・戦中の時期を通じて軍事機密とされてきたため，一般人の利用は極めて困難であった．そのようななか，後に東京大学教授となる若き佐藤久氏は陸地測量部において空中写真を扱う機会を得て写真判読作業などをおこない，戦後の空中写真を利用した地形研究の基礎を体得した（中野 1967）．その成果は戦後になってから，空中写真判読の系統的な解説書としてとして刊行され（佐藤 1950），空中写真の地形学への応用にかかわる構想が実践的に示された．阪口（1980）によると，この本に示された空中写真の活用はまだ学部学生であった佐藤が，1943 年に故田山利三郎博士の調査団に加わってニューギニア調査に出かけ，陸地測量部の嘱託になった時から考え続けてきた内容にもとづくものであったという．

ところで，1941 年 12 月 8 日に太平洋戦争が勃発すると，大日本帝国の海外進出の野望を背景として，必要性の高い専門分野の研究を促進することを目的に，文部省の直轄研究機関として資源科学研究所（1941 年），電波物理研究所（1942 年），民族研究所（1943 年），統計数理研究所（1944 年）が設立された（学制百年史編集委員会 1981）．これらのうち，開戦の当日に発足した資源科学研究所は，文部省内に置かれていた資源科学諸学会聯盟を母体とした自然科学分野を中心とするもので，動物，植物，地質，地理，人類の 5 部門がおかれた．その活動は大陸や南洋諸島の資源に関わる調査・研究を進めることを目的とし，初代所長には植物学の柴田桂太博士が，また地理部門には多田文男氏，小笠原義勝氏，坂啓道氏や 1942 年 9 月に早期卒業した中野尊正氏らが所属していた．戦後は，一時GHQの指示によって廃止されることが決まったが，国内の自然や環境にかかわる調査・研究を中心とする研究機関として新たに活動することになり，動・植物や地形・地質などの自然環境に関わるさまざまな調査・研究が精力的に進められた．また，機関誌として『資源科学研究所彙報』が発足時から1971年に閉所されるまで刊行されていた．

一方，戦後しばらくは，戦時中に荒廃した国土に1947年のカスリン台風や1948年のアイオン台風，1949年のキティー台風，1950年のジェーン台風などが立て続けに襲来し，各地で著しい水害が発生したことや，復員兵が多数帰国することから食糧増産が急務であったことなどを背景に，国土の開発や資源，土地条件などに対して積極的に目が向けられた．

そのようななか，戦後新たな形で活動を始めた資源科学研究所では地理部門のメンバーとして多田文男氏や大矢雅彦氏，三井嘉都夫氏，阪口豊氏などが活躍し，多くの成果が挙げられつつあった．また，この頃になるとそれまで一般の利用が不可能であった空中写真が利用できるようになり，その利用が注目されるようになっていた．そのようななかで，学術論文にも地形学図とよばれる地形分類図が載るようになり，多田・坂口（1954）のように低地の地形分類図を用いて狩野川低地の地形形成を検討したものも見られるようになった．

一方，1940年代の戦中から戦後にかけての時期には，わが国の国土は荒廃し，山地の森林も十分な間伐などの手入れがおこなわれないまま放置されていた．そのような状況のもと，1947年9月にはカスリン台風が襲来し，上流地域における多量の降水と荒れた山地からの多大な出水によって埼玉県栗橋付近で利根川右岸が決壊し，東京都江東区付近まで洪水流が達するという大水害を引き起こした．その後も1948年9月のアイオン台風，1949年8月のキティー台風，1950年のジェーン台風，1958年9月の狩野川台風，1959年9月の伊勢湾台風といった台風が立て続けに国土を襲い，各地に大きな水害の爪痕を残した．

V-2-3　地形分類図の確立へ

地形の形成や発達を科学的に解明するというアカデミックな研究が進められる一方，社会的には，さまざまな自然災害が頻発しており，土地条件としての地形を知ることが期待されていた．その際，どのように地形を把握して地形を示すのか，どのように地形を整理し，何とよぶのかといった点が重要になる．また，一般の人に対して地形をわかりやすく示す工夫も必要となる．とくに，自然災害などにかかわって地形を表現する場合には，厳密な地形学的議論をふまえて地形を表現するとなると，複雑で表現の難しい事例も起こりうる．また，地形を区分して地図に示す場合には，地形の系統的な整理も必要である．

そのようなことから，国土地理院（地理調査所）において地形分類図作成の基礎を築いた中野（1952 a，b）は，地形型という概念を提示した．中野（1956）によると，地形をとらえる視点には①どのような構成物質（地質）からなるか，②どのような力がどのように働きかけるか，③どのようなメカニズムで形成されているか，④どのようなプロセスを経てきたか，⑤どのくらいの時間でできるか，⑥どのような形になったか，⑦出来上がった地形の分布，表面の理学的性質はどうなっているかなどがあるとする．また，地形学が地形の成り立ちやその形態の研究を主目的とするのに対し，地形分類ではあくまでも，土地の自然的特性の把握が主目的であるとした．そこで，地形分類にあたってはオランダのビューリングによって提示されていた土壌型の考えを援用して地形型ランドフォームタイプの考えを提示し，①ほぼ同じ時期に形成され，②ほぼ同じ形態をなし，③同じ成因を持ち，④ほぼ同じ物質で構成された地表部分を地形型とした．すなわち，地表の単位はほぼ同じ時期に形成され，ほぼ同じ形態をもち，ほぼ同じ成因，ほぼ同じ構成物質をもつ地形型であり，これが外作用の系統によって統合され，さらにより経験的な分類の目安で大別されるとした．その後，この地形分類の考えが地理調査所（国土地理院）で実践され，次節で述べる各種地形分類図や土地分類図の作成へとつながる．

一方，1947 年には経済復興と国民生活安定の基礎となる国内資源の開発・利用・保全のあり方を，科学技術の立場から徹底的に再検討し，その計画的かつ総合的な利用を提起するために経済安定本部の付属機関として資源委員会が設置され（石井 2009），土地・水・エネルギー・地下資源などさまざまな資源に関する基礎調査が開始された．その後，1949 年に資源委員会は資源調査会と名称が変更され，1952 年には資源調査会設置法にもとづいて総理府に資源調査会が設置されて移行した．この資源調査会では 1947 年 9 月のカスリーン台風で洪水被害をこうむった利根川をモデルフィールドとして問題を審議する第 2 小委員会が設置され，資源委員会勧告第 1 号として「利根川洪水予報組織」が提案された．それは現状を基礎に個別の関係機関を 1 つの組織に連絡統一（連結）して，洪水予報を最も少ない経費で実施し水害を防ぐよう提言したの提案で，1949 年の水防法の制定へと進んだ（日本地学史編纂委員会・東京地学協会 2010）．

さらに，資源調査会は 1949 年に勧告第 4 号「水害調査表示法」を提出した．これは 1947 年のカスリーン台風，1948 年のアイオン台風などで甚大な洪水による被害（水害）が発生したのに対応したもので，「水害発生機構の解明，水害評価の公正化，水害の応急的および恒久的対策，さらに進んで積極的な水害予防の確立に資する」ために，科学的調査を推進しその成果を文字だけでなく図上に表示することであり，実際に「北上川流域水害実態調査」では「等浸水深及等浸水時間図」をはじめ各種の図が描かれており，後に，水害の及ぶ範囲と湛水深を予測する「水害地形分類図」作成の契機となったとされる（日本地学史編纂委員会・東京地学協会 2010）．

このような背景のもとに，1956 年度には木曽川流域についての調査が実施された．ただ，この調査（総理府資源調査会事務局 1956）は，その「はしがき」で述べられているように「単に木曽川についての調査であるにとどまらず，全国の主要河川，主要な沖積平野について，とくに地形と水害型という観点からする地域性の究明を目指し，そのための方法と課題を明らかにならしめることを目標としている．」として述べているように，水害発生地域としての日本の沖積平野の特性を明らかにし，地形と水害との関係を平野の地形のみならず，空中写真による地形調査方法，河床変動，歴史時代ににおける流路変遷，干拓と陸地の拡大，過去の水害，地盤沈下など多面的に検討したきわめて中身の充実したものであった．

この調査は先に述べた資源科学研究所と深く関わる東京大学教授の多田文男氏を中心

に，オランダで土地分類を学んでランドフォームタイプの考えを提起した建設省地理調査所地理課長（のちに東京都立大学教授）の中野尊正氏，のちに法政大学教授になる資源科学研究所員の三井嘉都夫氏，のちに早稲田大学教授になる資源科学研究所員の大矢雅彦氏という当時若手気鋭の地理学者達が担当した．そして，この報告書には付図として空中写真判読にもとづいて大矢雅彦氏が作成した木曽川流域濃尾平野水害地形分類図が添付され（図 V-2-3），低地の微地形分類と洪水時の浸水状況とが良好な対応を示すことが示された．

当初この水害地形分類図そのものはそれほど注目を集めなかったが，報告書と地図が刊行されてからおよそ 3 年後の 1959 年 9 月に台風 15 号（伊勢湾台風）が襲来し，その存在が社会的に注目されることになった．この台風は 5,000 人あまりの犠牲者を出し，これまでの河川の氾濫による洪水とは異なる大規模な水害を引き起こした．それは高潮による水害であった．

被災地域は濃尾平野南部一帯にひろがり，海岸堤防が各所で破壊されたため，本来海面との高さの差が大きくない干拓地はほぼ全域が水没してしまった．それらの地域では地下水の揚水による地盤沈下も顕著だったため（東海三県地盤沈下調査会 1985），海面下の土地がひろがっていて広大な地域で 1 カ月以上湛水が続いた．なかでも新たな入植によって最初の収穫期を迎えていた鍋田干拓地では 4 カ月も水が引かなかった（名古屋市 1961）．このような伊勢湾台風の水害に際して，前述した木曽川流域濃尾平野水害地形分類図が作られていたことに目が向けられ，高潮の浸水地域と水害地形分類図の三角州の地域とがぴったりと一致していることに注目が集まった．地元の中日新聞は 1959 年 10 月 11 日のサンデー版で「地図は悪夢を知っていた」「仏（科学）作って魂（政治）入れず－ぴったり一致した災害予測－」という記事と共にカラーの水害地形分類図を掲載し，高潮の浸水地域と水害地形分類図の三角州の地域とがぴったりと一致していることを報じた．このことはその後国会でも議論となり，災害対策のための水害地形分類図のような地図を緊急に整備する必要性が議論された．このような経緯で整備されたのが土地条件図である．

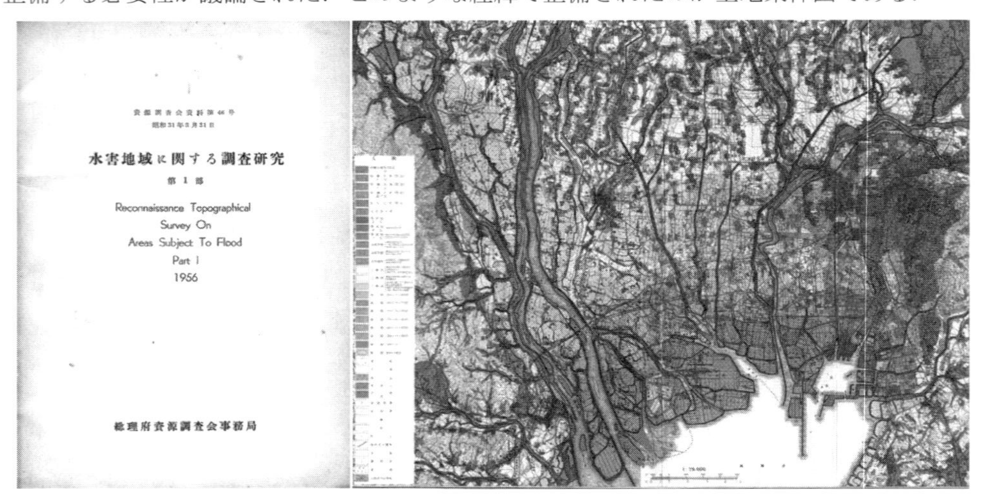

図 V-2-3 『水害地域に関する調査研究 第 1 部』の表紙と添付された濃尾平野地形分類図（部分）（総理府資源調査会事務局 1956）

V-2-4 各種地形分類図の発展と現状

土地条件図は，当初洪水地形分類図・地盤高図および水防要図として1960年度より整備が始まり，東京周辺地域，中川・荒川流域，利根川下流域などが刊行され，1963年度からは土地条件図の名称のもとに大阪地域から順次整備が進められた．この土地条件図と共に刊行された土地条件図説明書（図V-2-4）には，土地条件調査の目的と背景として次のように述べられている．（なお，各地について刊行された土地条件調査報告書では年度を追うに従って若干の字句修正などがおこなわれているが，ほぼ同様の説明が記述されているので，ここでは1971年に刊行された『土地条件報告書（東京および東京周辺地域）』の文章を引用する．）

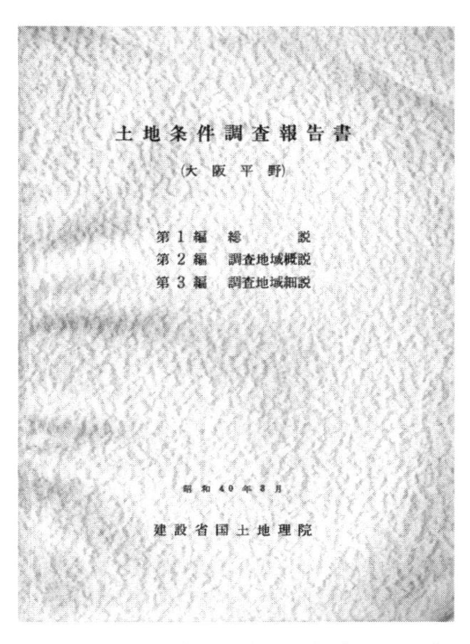

図V-2-4 『土地条件調査報告書（大阪平野)』の表紙（国土地理院 1965）

「この調査の意図は，1959年9月に中京地区を襲った伊勢湾台風による高潮洪水の被害体験にもとづいて生まれたものである．伊勢湾台風の前後におこなわれた濃尾平野の地形調査・水害調査は土地の性状や生い立ち，地盤の高低，干拓・埋立などの歴史などをあらかじめ調査しておけば，洪水や高潮などが発生した場合，何処がどのような被害をうけるかをかなりの程度推定しうることを教え，この種の予察的調査の重要性を明らかにしたのである．この事実を契機として，1960年度より京浜地区を中心とする東京周辺地域の低地帯について，水害予防対策土地条件調査の名称のもとに調査が進められた．（中略）

地形・地盤などの土地条件の問題は，単に防災対策の場合だけでなく，むしろ開発適地がどこにあるか，開発上どのような防災対策を施すべきであるか，あるいはさらに進んで，その土地に最も適した土地利用形態はいかにあるべきかなど，開発計画の場合にも広く考慮されるべきであることがわかる．このような観点から調査の内容も水害予防対策だけの目的に限定せず，土地保全，土地開発，土地利用の高度化および合理的な利用形態の再編成，都市再開発などの目的に役立つ資料としての土地条件図および報告書にまとめ，この調査を土地条件調査と改称された．」

その後，土地条件図に加えて沿岸の陸域とそれに連続する水深おおむね50 mまでの海域を対象として，沿岸海域における適正な開発・利用とその促進することを目的として，沿岸海域基礎調査が1972年から2006年まで進められ，その成果として沿岸海域地形図と沿岸海域土地条件図が作成されている．

さらに，国土地理院では1976年の台風17号による長良川の破堤水害を契機として，堤防の安全性の再確認を行う気運が高まったことを背景に，河川堤防の立地する地盤条件を包括的に把握し，さらに詳細な地点調査を行うための基礎資料を得ること，および氾濫域の土地の性状とその変化の過程や地盤高などを明らかにすることを目的として（国土地

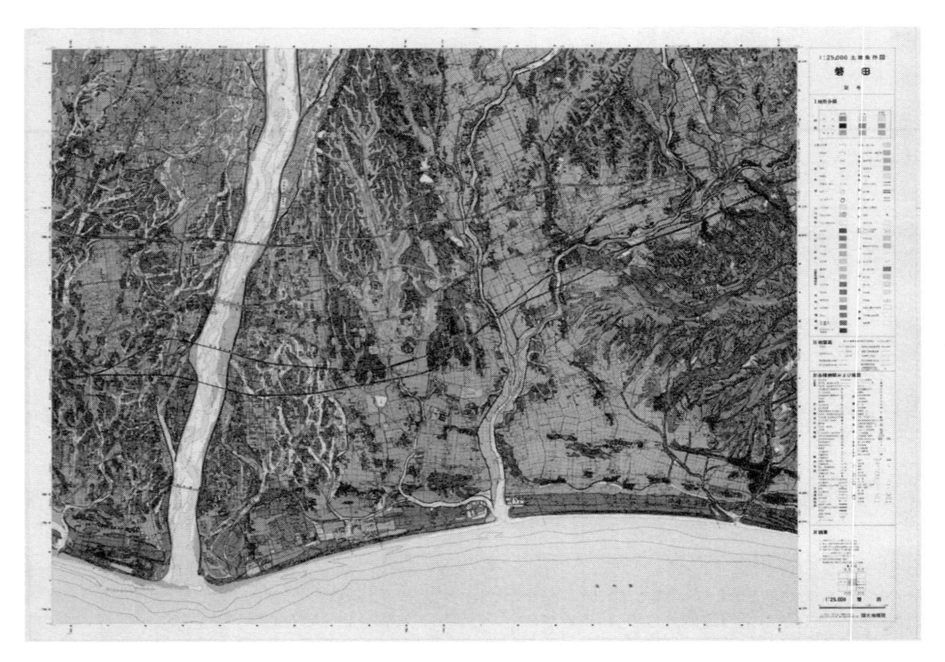

図 V-2-5　天竜川低地の旧河道が詳細に示されている 1982 年発行 2 万 5,000 分の 1 土地条件図『磐田』

理院ホームページによる)，治水地形分類図が作成されている．

一方，戦後の国土の復興・開発などにあたって，1950 年に国土総合開発法，1951 年に国土調査法が施行された．国土調査法の第一条では「この法律は，国土の開発及び保全並びにその利用の高度化に資するとともに，あわせて地籍の明確化を図るため，国土の実態を科学的且つ総合的に調査することを目的とする.」とされ，その第二条第 2 項において「基本調査」として土地分類調査，水調査及び地籍調査の基礎とするために行う土地及び水面の測量（このために必要な基準点の測量を含む.）並びに土地分類調査及び水調査の基準の設定のための調査を行うことが述べられて，また，土地分類調査に関しては第 3 項において「第一項第一号及び第三号において「土地分類調査とは，土地をその利用の可能性により分類する目的をもつて，土地の利用現況，土性そのほかの土壌の物理的及び化学的性質，浸蝕の状況そのほかの主要な自然的要素並びにその生産力に関する調査を行い，その結果を地図及び簿冊に作成することをいう.」とされている．このように定義された土地分類調査では，50 万分の 1 土地分類図，20 万分の 1 土地分類図，5 万分の 1 土地分類図として地形分類図・地質図・土壌図などの土地の自然的な性質や土地利用図などがまとめられている．このうち，5 万分の 1 土地分類図は都道府県別土地分類調査として整備が進み，5 万分の 1 地形図の図幅を単位として地形分類図，水系図，傾斜分布図，谷密度図などが説明書と共に作成･刊行されている（北海道の大部分などいくつかの地域は未刊行）(図 V-2-6)．

なお，この土地分類調査は当初経済企画庁総合開発局国土調査課の所管で進められたが，その後国土庁の発足と共に国土庁土地局国土調査課の所管となり，さらに組織改編によって現在は国土交通省国土政策局国土情報課に引き継がれている．そして 2010 年度からはから第六次十箇年計画事業として，土地分類基本調査（土地履歴調査）として人口集中地区およびその周辺地域における自然地形分類，人工地形分類図，災害履歴図，100 年前および 50 年前の土地利用図と説明書が作成され，WEB でも閲覧・ダウンロードできるようになっている．2017 年度末にはすでに三大都市圏や静岡県沿岸地域，北陸地方，中国・四国地方，九州地方などの DID 地域を完了している．

一方，国土地理院が刊行してきた土地条件図や治水地形分類図などの地形分類図は，旧版が作成されて以降既に 30 年以上が経過していることから，2007 年からはその内容を見直しし，更新する作業が進められている．またデジタル化も進められ，WEB サイトの地理院地図で閲覧できるように公開されている（図 V-2-8）．なお，

図 V-2-6　5 万分の 1 図幅単位で刊行されている各地の土地分類調査報告書

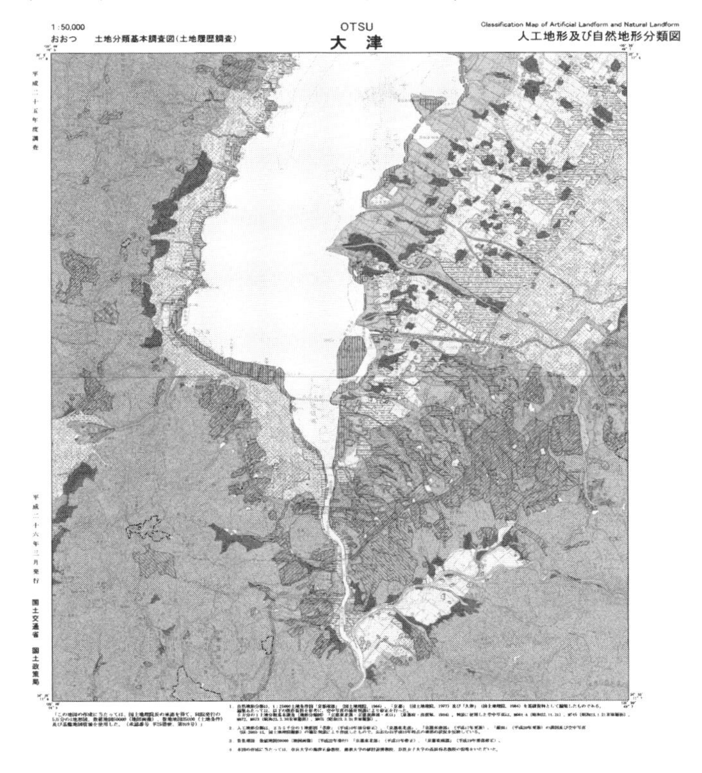

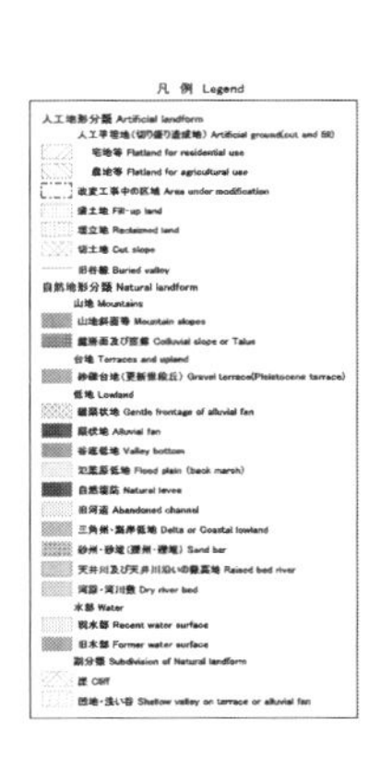

図 V-2-7　土地履歴調査の地形分類図（大津）

新旧の土地条件図はそれぞれ土地条件図初期整備版および数値地図 25000（土地条件）として示されている．

表 V-2-1 はこれまでに国土地理院や国土交通省などによって作成された地形分類図の主なものをまとめたものである．

図 V-2-8　地理院地図で示される横浜駅付近の数値地図 25000（土地条件）

表 V -2-1　主な地形分類図一覧

名称	種類	縮尺	実施主体	実施年	地域
水害地形分類図	水害地域に関する研究調査	1/5 万	総理府資源調査会，科学技術庁資源局	1956-	木曽川，吉野川，諫早地域等
地形分類図	土地分類基本調査	1/50 万	経済企画庁	1967-69	全国
地形分類図	土地分類基本調査	1/20 万	経済企画庁	1967-78	全都道府県
地形分類図	土地分類基本調査	1/5 万	経済企画庁		浜頓別・西条等
地形分類図	土地分類基本調査	1/5 万	各都道府県	1970-	1/5 万図幅
地形分類図	土地履歴調査（土地履歴調査）	1/5 万	国土交通省国土政策局	2010-	人口 30 万人以上の DID 地区等
洪水地形分類図		1/2.5 万	国土地理院	1960-63	関東平野等
土地条件図	初期整備版	1/2.5 万	国土地理院	1963-	主要平野等
土地条件図	更新版	1/2.5 万	国土地理院		主要平野等
土地条件図		1/1 万等	国土地理院	1968-	小倉等
沿岸海域土地条件図		1/2.5 万	国土地理院	1972-	主要沿岸地域等
治水地形分類図	初期整備版	1/2.5 万	国土地理院	1976-78	主要河川沿岸
治水地形分類図	更新版	1/2.5 万	国土地理院	2007-	主要河川沿岸
火山地形分類図		1/1.5 万 -5 万	国土地理院	1992-	磐梯山
火山土地条件図		1/1 万 -5 万	国土地理院	1990-	桜島・富士山等
都市地盤調査	微地形分類図	1/2.5 万	建設省計画局	1961-70	21 面
水害地形分類図	水害地形分類図	1/5 万	建設省など	1961-	大矢雅彦による

V-3　地形分類図の作成はどのようにおこなわれるか

土地履歴調査や治水地形分類図などの公的機関による地形分類図の作成は，基本的には作業を受注した業者によって進められる．ただ，初期の土地分類基本調査などにおける地形分類図の試作段階では，経済企画庁や国土地理院などの実施機関においてモデル地区についての作業がおこなわれて，その後もしばらくは各都道府県の実施事業が軌道に乗るまで国の機関が作成を続けた．たとえば，5 万分の 1 土地分類基本調査の『水戸』図幅（経済企画庁 1969）の最後には，「本調査は経済企画庁が，国土地理院，通産省地質調査所，農林省林業試験場，農林省農業技術研究所に支出委任して行ったもので，その事業主体は経済企画庁である」との記述がある．なお，この図幅の地形関連部分を担当したのは国土地理院で，当時学生だった筆者は夏休み期間中，目黒区東山にあった国土地理院へ通い，水系図作成の補助をした記憶がある．

地形分類作業の過程では，空中写真の実体視による判読がおこなわれるが，土地履歴調査や現在改訂が進められている治水地形分類図においては土地条件図，沿岸海域土地条件図，旧版治水地形分類図，水害地形分類図など既刊の地形分類図がある場合はそれらを利用したり参考にしたりしている．また，作業に用いる空中写真は，1960 年代の 2 万分の 1 空中写真など調査地域における土地改変があまり進んでいない時期のものを用い，さらに，昭和 20 年代に米軍が撮影した 4 万分の 1 空中写真，また，都市部など米軍 1 万分の 1 の空中写真が存在する場合はそれらも併用して比較しながら判読を進めている．また，判読が難しい場所については旧版地形図，とくに明治期の旧版地形図を参照したり，5 mDEM を利用したりする．

それらの作業によって作成された地形分類図は発注機関によるチェックのほか地区別に組織された学識経験者による委員会やワーキンググループで詳細に検討され，さらにチェック機関の確認などを経て完成する．なお，地形分類図の図化にあたっては，以前は紙地図に地形界を書き込んで作成していたが，現在はコンピュータ画面に表示した GIS 上で作業するという形になっている．

V-4　地形をどのように区分するか

地形分類図作成上の地形分類あるいは地形の区分には 2 つの問題がある．まず第 1 点はどのような分類基準で区分するかという点であり，第 2 点は分類基準にしたがってどのように地形を認定し，区分するかという点である．

前者は，地形分類図の目的に従って分類基準が定められるが，その基準を如何に設定するかという問題である．地形は大地形から微地形までさまざまに区分することができ，区分される地形にはさまざまな名称がつけられている．地形分類図作成にあたってそれらの地形をすべて網羅し，区分することはあまり建設的ではなく，無駄な労力を払うことになる．そのため，一般的には，目的に応じて分類基準が設定され，その分類基準に従って地形が区分される．また，その分類基準に従って区分された地形を地形分類図と共に示したものが凡例となる．また，個人の研究などで地形を区分する場合にも研究目的に応じて分類基準を設定し，地形を分類し区分する．たとえば，平野の地形を検討する場合には山地部分の地形を詳細に区分することはあまり意味が無いので，山地や丘陵の部分を簡略化することが多い．

縮尺に関しては，対象地域のひろがりに応じて適当な縮尺が選ばれるが，公的機関による地形分類図では2万5,000分の1あるいは5万分の1地形図を基図とすることが多い．個人の研究などテーマのはっきりした地形分類では，そのテーマに応じた縮尺が選ばれ，たとえば高山地域で氷河地形に注目して地形を区分する場合には，モレーン，圏谷壁，露出した羊背岩などを区分･表示できるように大縮尺の詳細な地形分類図が作成されたりする．

国の機関が作成する土地条件図などでは，地形分類の作業要領などに従って地形が区分されているが，この作業要領などはさまざまな事例を想定しながら時間をかけて委員会などで練られ決定される．その際，その地形分類の目的に応じた分類・凡例が決められる（国土交通省土地・水資源局（国土政策局）国土調査課2010など）．たとえば，段丘面の区分に関しては，地形学的には段丘の形成時期や形成過程を考慮して詳しい面区分をおこなう必要があるが，汎用的な目的で作られる地形分類図の場合は一括して台地や段丘として区分したり，更新世段丘と完新世段丘に区分したりしていることが多い．また，同様の理由で砂丘の区分に関しても形成時期などは度外視して砂丘として一括区分されているほか，浜堤・砂州・砂丘などを1つの区分として扱っている例も多い．

V-5　地形分類の課題

完成した地形分類図をみると，さまざまな地形が完璧に区分されているような錯覚を覚える．しかしながら，自然環境の変化のもとに作られた地形は多様な様相を示していて，かならずしもすべての地形をきちんと区別できるわけではない．地形分類の作業で最も苦労するのはそのような地形をいかに区分するかという点である．とくに，すでに凡例とその分類基準が決められている場合にはなかなかうまく当てはまらないことも多く，最終的に決定するまでにさまざまな議論がされることも多い．こでは低地の地形分類に関して若干の例を挙げて分類上苦労する事例を紹介する．

平野の地形分類作業で苦労するものの1つは旧河道である．治水地形分類図では明瞭な旧河道と明瞭でない旧河道を分けて分類することになっているが，それでも明瞭なものと不明瞭なものとの区別が難しい場合も多い．とくに，扇状地面においてはおびただしい数の旧河道が存在しており，それらをきちんと区分することは至難の業である．一般に旧河道は以前の河道の跡であるので，一定の幅で連続性をもっている溝状のあるいはやや低い帯状の土地である．しかしながら，空中写真を用いて判読していると，網状流路の一部のように連続性は顕著ではないが河道跡と認定できるようなものや，細長い凹地とはなっていないが，泥質堆積物が分布していると推定される暗色に表現される帯が連続しているものも存在する．これらを認定し，区分するには経験と熟練が必要であり，同時に判読の個人差も生じやすい．土地分類調査や治水地形分類図の作成などではより客観性をもたせるために，昭和 40 年代の空中写真と昭和 20 年代前半に撮影された米軍撮影の空中写真を併用して確実に存在する旧河道であることを確認したり，明治期の旧版地形図を参照しての検討などもおこなっている．さらに，判読結果を複数の判読者の目で確認・検討するということもおこなわれている．

一方，臨海地域では微高地である砂州・砂堆と自然堤防を区別することが困難である場合も多い．いずれも砂質堆積物からなる微高地で，比高や大きさの点でもかなり類似している場合が多いため，地形判読においては，それらの地形がどのように作られたかについて位置の特徴や古地理の状態を推定しながら判断して区分している．すなわち，自然堤防であればそれを形成した河川があるはずで，どのような河川によって作られたかを確認する．また，砂州・砂堆であれば基本的に海の作用によって堆積した地形であるので，過去の海岸線との位置関係を考慮して検討し，区分する．そのような判断の結果，たとえば海岸線に直行する方向で延びる微高地は明瞭な河川がなくても自然堤防であろうと判断されたり，比較的内陸にある微高地でも過去の海岸線の位置にあたる場所に存在し，海岸線に沿う形で分布する場合には砂州として分類されたりすることになる．そして，そのような砂州が存在する部分から海側の地域は氾濫平野ではなく，海岸平野に分類した方が良いといった議論が展開される．

扇状地と氾濫平野との境界も区分に苦労する所である．網状流路が顕著に発達していてある程度の勾配をもつ部分は扇状地として認定し，自然堤防が顕著に見られるかなり平坦な地域は氾濫平野として認定される．典型的な場所はそれで問題ないが，両者の境界付近になるとかなり苦労する．また，扇状地であっても網状流路が顕著でないものもある．以前の地形分類図では両者の境界線を引く上でかなり苦労したと思われる例も多い．しかしながら，近年は地盤高を示す DEM の利用によってかなり判断がしやすくなっていて，河川縦断方向の地形断面を取って，勾配が変化する場所を見つけたり，従来の地形図では表現できなかった 1 m 間隔での高さごとの段彩をコンピューター画面上でおこなったりして，扇形の地形を認定するといったこともおこなっている．それでも判断に困る場合があり，その場合は明治期の地形図なども併用したり，条里遺構の分布なども考慮したりして境界線を引く．

このように地形を区分する上で判断に困る事例は結構多く，地形分類作業にあたってはさまざまな苦労をして区分がおこなわれている．現地で簡易ボーリング調査などをおこなって堆積物の検討をすればわかる場合もあるが，土地履歴調査や治水地形分類図作成などにあたってはその余裕がないのが現状である．ただ，地形分類図の作成にあたってはさまざまな検討のもとに分類・区分がされており，地形分類図で区分された地形がさまざまな苦労の結果であることを十分に理解しないままにそのまま鵜呑みにすることには注意が必要である．

V-6　地形分類図とハザードマップ

各種の地形分類図が作成されているが，それらの利用はやや専門的であり，一般の人々にとってはわかりにくいとされる．そのようなことから，より身近な地図として自然災害に対しての危険性を把握し，災害時の対応をそれぞれの地域において理解できるようにということでハザードマップが作成されている．

現在，各自治体においてハザードマップの作成が進められているが，これは，1993 年からの一級河川についての洪水氾濫危険区域図作成や，1994 年 6 月の建設省河川局治水課長名で公表された洪水ハザードマップ作成要領，2001 年 7 月の改正水防法施行などによるもので，市町村の長が洪水予報の伝達方法や避難場所など洪水時の円滑かつ迅速な避難を図るために必要な事項を住民に周知するにあたっては，浸水想定区域，水深，避難経路などを示した図面すなわち洪水ハザードマップを作成・配布すること等視覚的手法を用いることが望ましいとする河川局長名の通達などを背景に進められているものである．

現在，2017 年に改正された水防法にもとづいて洪水・内水・高潮に係る浸水想定区域図の作成や土砂災害防止法による土砂災害警戒区域図などの作成が進められているが，ハザードマップはそれらの想定浸水区域や土砂災害危険区域の詳細に加えて，避難活用情報や災害学習情報などを示した地図で，災害時の住民行動の指針になるさまざまな情報がのせられている．

ところで，ハザードマップの有効性が注目されたのは，2000 年 3 月の有珠山噴火の際である．この時には直前に噴火の予知がなされ，気象庁から緊急火山情報が出されたことによって地元の自治体が噴火の前に住民などの避難を速やかに行うことができた．当時，緊急を要する避難にあたっては事前に作成されていた「有珠山火山防災マップ」がとくに有効であったとされ，安全なルートに従って住民や観光客の避難がおこなわれた．その結果，洞爺湖温泉街に熱泥流が到達するなど各所で被害が発生したが，人的には 1 人の犠牲者も出すことなく多数の人々が無事に避難することができ，ハザードマップの有効性が示されたのであった．

この有珠山の例のように，ハザードマップは洪水や津波・高潮などの水災害のみならず火山災害や土砂災害，地震などさまざまな災害について作成が進められている．我々が生活している身近な地域がどのような災害の影響を受けやすいか，また，被害を受けるとするとどのような被害が発生するのか，さらに災害の危険性が迫っているときにどのように対応したら良いのかなど，ハザードマップから得られる知識あるいは学ぶことがらは数多くある．そのようなハザードマップにおいて基本となることは土地の状態であり，ピンポイントの土地の状態とその周囲の土地の状態を頭に入れておくとハザードマップの内容について理解しやすくなると思う．その意味において，土地条件を示す地形分類図とセットでハザードマップを利用するという習慣がつくと良いと思う．

また，ハザードマップが住民の適切な避難行動につながっていないというような指摘もあるが，これは住民や地域の人達がハザードマップに示されていることと自分たちの生活している場所およびそこの土地条件とを結びつけて考えるということに慣れていないということも一因であろう．そのようななかで近年，防災にあたって地域住民がマイマップを作って災害に備えるというような活動が進められている所も出てきている．そのような活動においては，自分たちの生活している地域の特性を土地条件あるいは地形という観点からまず

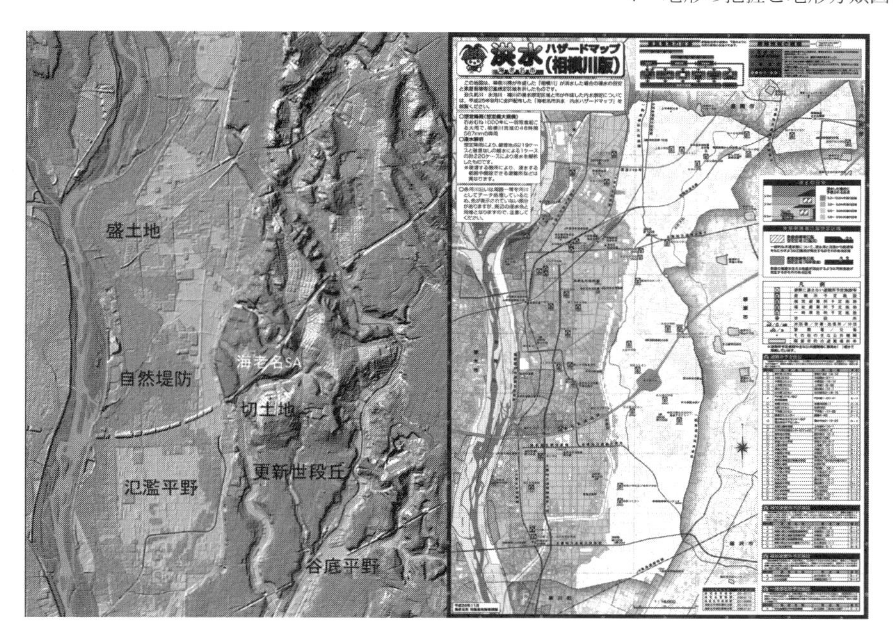

図 V-6-1　神奈川県海老名市の地形陰影図で示した土地条件図（数値地図 25000）（左）と相模川洪水ハザードマップ（右）（いずれも原図はカラーで表示されている）

把握し，それに各種ハザードマップを重ねてみると，ハザードマップのもつ意味，あるいはそれぞれの場所のもつ脆弱性といったことを理解しやすくなるのではないかと思う．また，メッシュマップのような形で示されている防災地図などについてもより具体的な情報を得ることができるであろう．

図 V-6-1 は，神奈川県のある町の相模川版洪水ハザードマップと地形陰影図上に示した土地条件図とを並べて表示したもので，図 V-6-2 は同じ地域の目久尻川・永池川・鳩川の洪水・内水ハザードマップを示したものである．他都市のハザードマップのなかには想定される最大規模の洪水浸水範囲が示されていて低地の全域が著しい水没地域などと表現されている例も見られるが，この相模川版の洪水ハザードマップでは浸水の目安が 4 段階に色分けされて示されており，それらは土地条件

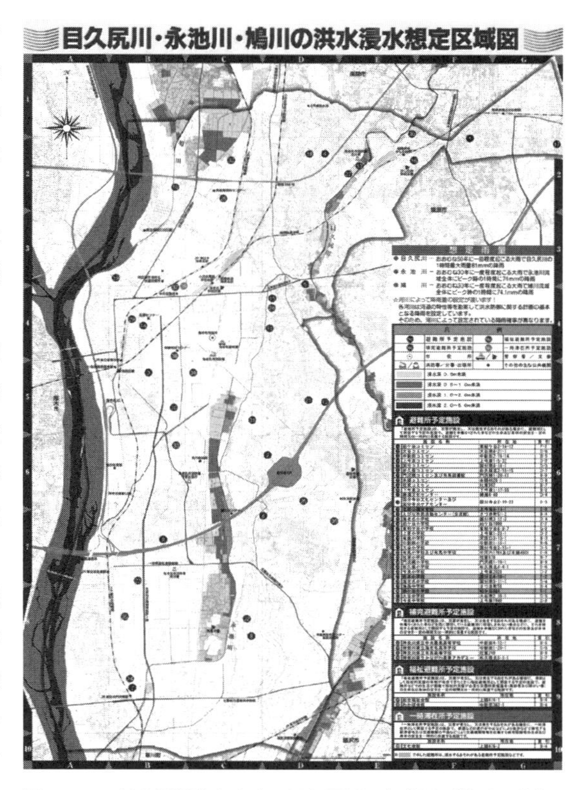

図 V-6-2　神奈川県海老名市の目久尻川・永池川・鳩川の洪水・内水ハザードマップ（カラーの図を白黒で表示）

図で示されている低地の微地形と概ね対応している．一方，東部の目久尻川は台地を刻む谷底平野を流れる河川で，想定水深がかなり細かく区分されて表示されており，谷底平野における盛土などによる地盤高の違いなどがしっかりと把握されて作成されていると考えられる．

ただ，この目久尻川版の洪水・内水ハザードマップには目久尻川のほか永池川・鳩川の洪水浸水想定区域が示されていて，少々気になることがある．すなわち，北部の鳩川については相模川の地図の図郭から外れているのでこちらに組み込んだのだと理解することができるが，基本的には両者は相模川の沖積低地を流れる河川であるので，相模川版のハザードマップに入れた方が良いと思われる．また，図の中央に示されている永池川についてみると，目久尻川版のハザードマップでは永池川から少し離れた西側の部分については色がついておらず，この図だけをみると相模川方面は浸水しないような誤解を与える可能性がある．実際には相模川版のハザードマップでは，その空白部分にも色がつけられているので，相模川が氾濫した際にはこの永池川の西側の地域も浸水被害を受けることが考えられる．誤解を生まないためには両者を合わせた形で示す必要があろう．

このようなことが起こった背景には，おそらく河川ごとに洪水シミュレーションを行い，その結果を別々の図に示した事によるのではないかと思うが，一般の多くの人達はそこまで考えないと思うので，若干の混乱を生じてしまう．そのような場面で，ハザードマップとともに第Ｖ章６節で示したように地形陰影図と重ねた地形分類図をみるならば地形の特徴やその連続性などがわかり，洪水時にどのような場所でどのようなことが起こるかということが比較的容易に想定できるのではないかと思う．さらに慣れてくると，地形分類図だけでも土地条件を把握できるようになり，なぜこの場所がハザードマップ上で危険性が示されるのかということを土地条件にもとづいて理解できるようにもなると思う．
上記のような問題は，ほかのハザードマップでも見られることがあると思うが，とくに避難ということを考えた場合には一体化した形で地域を示すことが必要であり，危険性を避けて行動するためにもハザードマップを地域の土地条件と組み合わせて理解し，把握することが必要であると思う．

一方，地域防災のためのマイマップを住民自身が作ろうという活動も各地でおこなわれているが，すでに述べたように，地形陰影図を重ね合わせた地形分類図などが活用されれば土地条件がさらに実感的に把握されると思われる．海津（2018a）で述べたように，そのような図を利用してリアリティーのある防災マップなどを作ろうという気運が高まったり，それぞれの場所の土地条件についての関心が高まれば人々がおのずと自分たちの生活の場について知り，考えようという機会が増し，防災に対する意識が高まるのではないかと考える．

なお，本稿では紙数に限りがあるために各種のハザードマップについては詳しい記述をおこなっていないが，鈴木編（2015）はハザードマップに関して多面的に述べており，非常に参考になる．また，ハザードマップは多くの市町村のホームページで参照することができるようになっているほか，第Ｉ章３節でも紹介したように国土交通省のハザードマップポータルサイトでは全国各地のハザードマップを閲覧することができる．これらのハザードマップにかかわる情報を地形の特性とともに把握することによって，自助としての防災に役立てることができればより望ましい．

あとがき

我々を取り巻く自然環境は，生活に潤いを与えてくれる野山の豊かな自然のみならず，多くの人々が生活している都会にも存在する．そのようなさまざまな地域における自然環境は意識するしないにかかわらず人々の生活と関わっており，人々にさまざまな恩恵を与える一方，ときには自然災害などによって人々に多大な犠牲を払わせることがある．なかでも，人々の生活の場である土地に関わる環境は，普段はあまり意識されていないが我々にとっては重要な自然環境である．

地域性や場所的特性が顕著である土地の自然は，地形や表層地質と密接に関係している．多くの人々は，山がある，丘がある．あそこは平野だ，高台だ，坂があるといった感じで土地を捉えていると思うが，平坦であること以外はあまり意識されない沖積平野や海岸平野にもさまざまな特性をもった土地があり，わずかではあるが起伏の違いが存在し，それに応じたさまざまな土地条件がみられる．

本書は，そのような沖積平野や海岸平野についてその地形や地盤を知り，それぞれの地形がもつ土地条件についての理解を深める手掛かりになればという思いのもとに，沖積平野や海岸平野の地形や表層地質について詳しく述べ，沖積平野や海岸平野のさまざまな地形を知り，それぞれの土地の特性を把握することを意識して執筆を進めた．

とくに，現場で地形や地盤に関わる実務をしている方々のなかには，地形学や第四紀地質学を専門としていないといった方々も多数おられると思う．本書は主としてそのような方々に読んでもらうことを意識して執筆した．さらに，近年，防災に関わる意識が高まっているが，地域の防災に関わる方々にも何らかの参考になればと思っている．土地条件は自然災害と深く関わっていることを知り，防災という観点から，それぞれの場所の土地条件を理解する一助として頂ければと考えている．

なお，本書では地形を理解しやすくし，身近に考えられることを意識して地形陰影図を活用した．また，筆者のような衛星画像解析の専門家でもなく，GIS の専門家でもない者が，データをうまく使えば地形の理解が進むわかりやすい図を作ることができるということで，多くの図は自分のパソコンを用いて作図した．さまざまなデータを組み合わせてオリジナルの図を作れるので，マイマップなどを作る参考にして頂ければと思うが，一方で，それもハードルが高いと思う人には，WEB サイトを活用すると，地形陰影図をはじめとして簡単にさまざまな情報を手にすることができることも紹介した．

このような情報は，2022 年度から必修化される高等学校の地理総合の授業を担当する先生方で，少し工夫してみようと思われる方々にも参考になるのではないかと思っている．もちろん，地理総合の 1 つの柱となる防災という点からも本書の内容が参考になればと思う．

なお，災害現場の写真に関しては次のような配慮をした．すなわち，2019 年の日本地理学会のシンポジウムにおいて，高等学校の先生から生徒のなかには震災の被害がトラウマになっていて，授業において災害時の写真を見せる際などに配慮が必要であるとの発言があった．もしかすると，この本を手にする人のなかにも被災状況の写真をみると当時のことを思い出して気分を悪くする方もいるかもしれないと思い，本書では国内の災害現場に関してはなるべく生々しいクローズアップの写真をのせないこととした．代わりに，筆者が調査などで出かけた海外の写真を何枚かのせた．一方で，自然災害は日本だけで起こるのではなく，世界各地で発生しており，途上国のようなインフラの整備が十分でない国においてはとくに深刻な問題となっている．本書を読んでいただき，多くの方々が広く世界に目を向けてさまざまな国や地域の自然災害についても考えて頂ければ幸いである．

なお，本書の第Ⅴ章2節は海津（2018b）として発表したものであるが，雑誌「地理」の企画として地形分類図が取り上げられることになり，すでに本書の原稿として出来上がっていたものを先に発表したものである．また，第Ⅲ章2，4節の一部は海津（2018c）をベースに加筆・修正したものである．なお，本書の内容の一部は海津（1979），海津編（2015）などと重なる所もあり，既刊の図や写真を使用した所もある．本書をまとめるにあたってなるべく重複しないように心がけたが，一部に新鮮味の無い部分ができてしまい，若干心苦しく思っている．

最後に，本書をまとめるにあたり，古今書院の福地慶大さんをはじめとする編集部の方々には大変お世話になりました．この場をお借りしてお礼申し上げます．

本書の執筆にあたって，科学研究費補助金 2017 ～ 2019 年度基盤研究（C）沖積平野・海岸平野における微地形分類と自然災害との関係に関する再検討（課題番号：17K01238）を使用した．

文 献

1995年兵庫県南部地震地質調査グループ（1997）宝塚－伊丹地域における兵庫県南部地震の被害と地質学的背景．地球科学 51-4，279-291.

愛知県（2002）『平成13年度 濃尾平野地下構造調査』（概要版）．愛知県，10p.

青木滋（1996）越後平野の地盤環境．第四紀研究 35-3，259-270.

青山雅史・小山拓志・宇根寛（2014）2011年東北地方太平洋沖地震による利根川下流低地の液状化被害発生地点の地形条件と土地履歴．地理学評論 87-2，128-142.

青山雅史・小山拓志（2017）2011年東北地方太平洋沖地震による茨城県神栖市，鹿嶋市の液状化発生域と砂利採取場分布の変遷との関係．地学雑誌 126-6，767-784.

安藤萬寿男（1988）木曽三川低地部（輪中地域）の人々の生活．地学雑誌 97-2，91-106.

石井素介（2009）戦後初期の資源調査会における＜資源論＞確立への模索－当時の一事務局スタッフの眼からみた回想－．寺尾忠能編『経済開発過程における環境資源保全政策の形成』新領域研究センター調査研究報告書 2008-Ⅳ-28，独立行政法人日本貿易振興機構・アジア経済研究所，77p.

井関弘太郎（1972）『三角州』現代地理学シリーズ 2．朝倉書店，226p.

井関弘太郎（1974）日本における2,000年前頃の海水準．名大文学部研究論集，LXII，155-177.

井関弘太郎（1983）『沖積平野』．東京大学出版会，145p.

井手町史編集委員会（1963）『南山城水害誌』井手町史シリーズ特別編，259p.

上杉陽・遠藤邦彦（1973）石狩海岸平野の地形と土壌について．第四紀研究 12-3，115-124.

植村善博・小林善仁・木村大輔・進藤美奈・山中健太・浅子里絵・杉山純平・三宅智志・山下博史（2007）木津川・宇治川低地の地形と過去400年間の水害史．京都歴史災害研究 7，1-24.

海津正倫（1976）津軽平野の沖積世における地形発達史．地理学評論 49-11，714-735.

海津正倫（1977）メッシュマップを用いた多摩川下流域の古地理の復原．地理学評論 50-10，596-606.

海津正倫（1979）更新世末期以降における濃尾平野の地形発達過程．地理学評論 52-4，199-208.

海津正倫（1988）濃尾平野における縄文海進以降の海水準変動と地形変化．名大文学部研究論集 CI，285-303.

海津正倫（1991）バングラデシュのサイクロン災害．地理 36-8，71-78.

海津正倫（1992）木曽川デルタにおける沖積層の堆積過程．堆積学研究会報 36，47-56.

海津正倫（1997）ガンジスデルタの地形．貝塚爽平編『世界の地形』．東大出版会，108-120.

海津正倫（2005）岩木川のつくる津軽平野．小池一之・田村俊和・鎮西清高・宮城豊彦編『日本の地形3 東北』．東京大学出版会，195-205.

海津正倫（2006）タイ国 Nam Khem 平野における津波の流動と津波堆積物．月刊地球 28-8，546-552.

海津正倫（2012）日本列島の復元．平川南編『環境の日本史1 日本史と環境－人と自然－』．吉川弘文館，71-113.

海津正倫（2015）沖積低地の過去を知る－沖積低地研究をどう始めたか－．第四紀研究 54-3，101-111.

海津正倫（2016）海岸平野の微地形と自然災害．藤本潔・宮城豊彦・西条潔・竹内祐希子編著『微地形学』，古今書院，208-222.

海津正倫（2018a）自然災害と土地条件との関わりを社会と共に考え普及するために．学術の動向 23-3，91-94.

海津正倫（2018b）わが国における地形分類図の普及と展開．地理 63-10，31-39.

海津正倫（2018c）自然堤防から三角州まで．特集 川がつくった日本の地形．地図情報 38-1，18-22.

海津正倫（2019）倉敷市真備町における西日本豪雨災害時の洪水流について．E-journal GEO 14-1，53-59.

牛山素行・片田敏孝（2010）2009 年 8 月佐用豪雨災害の教訓と課題，自然災害科学 29-2，205-218.

遠藤邦彦・関本勝久・高野司・鈴木正章・平井幸弘（1983）関東平野の < 沖積層 >. アーバンクボタ 21，26-43.

遠藤邦彦・小杉正人・菱田量（1988）関東平野の沖積層とその基底地形．日本大学文理学部自然科学研究所研究紀要 23，37-48.

遠藤邦彦・石綿しげ子・堀伸三郎・中尾有利子（2013）東京低地と沖積層－軟弱地盤の形成と縄文海進－．地学雑誌 122-6，968-991.

遠藤邦彦（2015）『日本の沖積層』．冨山房インターナショナル，415p.

大熊孝（1981）『利根川治水の変遷と水害』．東京大学出版会，397p.

大崎順彦（1983）『地震と建築』．岩波書店，200p.

大阪湾高潮対策協議会（2010）『大阪湾高潮対策危機管理行動計画 ガイドライン』，113p.

大矢雅彦・小池邦夫（1976）濃尾平野河川地形分類図．建設省木曽川上流工事事務所．1/5 万四六判.

大矢雅彦（1979）『河川の開発と平野』．古今書院，163p.

大矢雅彦編（1983）『地形分類図の手法と展開』．古今書院，219p.

大矢雅彦・丸山佑一・海津正倫・春山成子・平井幸弘・熊木洋太・長澤良太・杉浦正美・久保純子・岩橋純子（1998）『地形分類図の読み方・作り方』．古今書院，118p.

小野映介・海津正倫・川瀬久美子（2001）濃尾平野北東部における埋積浅谷の発達と地形環境の変化．第四紀研究 40-4，345-352.

小野映介・海津正倫・鬼頭剛（2004）遺跡分布からみた完新世後期の濃尾平野における土砂堆積域の変遷．第四紀研究 43-4，287-295.

小野映介・大平明夫・田中和徳・鈴木郁夫・吉田邦夫（2006）完新世後期の越後平野中部における河川供給土砂の堆積場を考慮した地形発達史．第四紀研究 45-1，1-14.

貝塚爽平・清水靖夫監編（1996）『明治前期・昭和初期・昭和前期 東京都市地図』柏書房，168p.

科学技術庁資源局（1961）中川流域低湿地の地形分類と土地利用．科学技術庁資源局資料 40，149p.

学制百年史編集委員会（1981）『学制 100 年史』．文部科学省.

籠瀬良明（1975）『自然堤防』．古今書院，306p.

梶山彦太郎・市原実（1972）大阪平野の発達史－ ^{14}C 年代データから見た－．地質学論集 7，101-112.

梶山彦太郎・市原実（1986）『大阪平野のおいたち』．青木書店，138p.

葛飾区郷土と天文の博物館（2012）『東京低地災害史』．かつしか区制施行 80 周年記念特別展図録，144p.

門村浩（1971）扇状地の微地形とその形成．矢沢大二・戸谷洋・貝塚爽平『扇状地』，古今書院，55-96.

鴨井幸彦・安井賢・小林巖雄（2002）越後平野中央部における沖積層層序の再検討．地球科学 56-2，123-138.

鴨井幸彦・田中里志・安井賢（2006）越後平野における砂丘列の形成年代と発達史．第四紀研究 45-2，67-80.

川瀬久美子（1998）矢作川下流低地における完新世後半の地形環境の変遷．地理学評論 71-6，411-435.

熊木洋太・羽田野誠一（1982）地形分類と地形地域区分．国土地理院時報 56，7-13.

久保純子（1989）東京低地における縄文海進以降の地形の変遷．早稲田大学教育学部学術研究（地理学・歴史学・社会科学編）38，75-92.

桑原徹（1968）濃尾盆地と傾動地塊運動．第四紀研究 7-4，235-247.

桑原徹（1975）濃尾傾動盆地と濃尾平野．アーバンクボタ 11，18-25.

桑原徹・牧野内猛（1989）傾動盆地の特性－濃尾傾動盆地を例として－．地球科学 43-6，354-365.

経済企画庁（1969）5 万分の 1 土地分類基本調査『水戸』図幅，60p.

建設省国土地理院（1971）『土地条件報告書（東京および東京周辺地域）』，80p.

建設省国土地理院（1975）『土地条件調査報告書（大阪平野）』，99p.

国土交通省土地・水資源局（国土政策局）国土調査課（2010）『土地分類調査（土地履歴調査）説明書 仙台』，41p＋付図.

国土交通省関東地方整備局・地盤工学会（2011）『東北地方太平洋沖地震による関東地方の地盤液状化現象の実態解明』報告書，65p.

国土交通省（2013）台風 30 号（フィリピン）の被害概要について，資料 6，5p.

国土地理院（1984）『地域計画アトラス－国土の現況とその歩み』137p.

小荒井衛・中埜貴元・乙井康成・宇根寛・川本利一・醍醐恵二（2011）東日本大震災における液状化被害と時系列地理空間情報の利活用．国土地理院時報 122，127-141.

小荒井衛（2012）東日本大震災における液状化被害と地形履歴－鬼怒川流域，小貝川を中心に－．地理 57-2，90-108.

小荒井衛・中埜貴元・宇根寛（2018）液状化リスク評価のための液状化被害と地形との関係性－利根川中下流域・東京湾岸地域の被害を対象に－．地学雑誌 127-3，409-422.

小杉正人（1989a）完新世における東京湾の海岸線の変遷．地理学評論 62-5，359-374.

小杉正人（1989b）古東京湾周辺における縄文時代黒浜期の貝塚形成と古環境．考古学と自然科学 21，1-22.

斉藤享治（1988）『日本の扇状地』古今書院，280p.

斉藤享治（2006）『世界の扇状地』古今書院，299p.

阪口豊（1980）佐藤先生お元気で．東京大学理学部広報 11-6，7-8.

貞方昇（1985）山陰地方における鉄穴流しによる地形界編と平野形成．第四紀研究 24-3，167-176.

佐藤久（1950）『空中写真による土地調査と写真の判読』写真測量叢書 3，149p.

澤井祐紀・宍倉正展・岡村行信・高田圭太・松浦旅人・Than Tin Aung・小松原純子・藤井雄士・藤原治・佐竹健治・鎌滝孝信・佐藤伸枝（2007）ハンディジオスライサーを用いた宮城県仙台平野（仙台市・名取市・岩沼市・亘理町・山元町）における古津波痕跡調査．活断層・古地震研究報告 7，47-80.

宍倉正展・澤井祐紀・岡村行信・小松原純子・Than Tin Aung・石山達也・藤原治・藤野滋弘（2007）石巻平野における津波堆積物の分布と年代．活断層・古地震研究報告 7，31-46.

鈴木隆介（1997）『建設技術者のための地形図読図入門 第 1 巻：読図の基礎』．古今書院，1-200p.

鈴木隆介（1997）『建設技術者のための地形図読図入門 第 2 巻：低地』．古今書院，201-554p.

鈴木隆介（1997）『建設技術者のための地形図読図入門 第 3 巻：段丘・丘陵・山地』．古今書院，555-942p.

鈴木隆介（1997）『建設技術者のための地形図読図入門 第 4 巻：火山・変動地形と応用読図』．古今書院，943-1322p.

鈴木康弘（2015）『防災・減災につなげるハザードマップの活かし方』．岩波書店，234p.

角谷ひとみ・井上公夫・小山真人・冨田陽子（2002）富士山宝永噴火（1707）後の土砂災害．歴史地震 18，133-147.

総理府資源調査会事務局（1956）『水害地域に関する調査研究 第 1 部』．資源調査会資料 46，97p.

高橋茂雄・河合弘泰・平石哲也・小田勝也・高山知司（2006）ハリケーンカトリーナの高潮災害の特徴とワーストケースシナリオ．海岸工学論文集 53，411-415.

高橋学（1996）土地の履歴と阪神・淡路大震災．地理学評論 69-7，504-507.

武田一郎（2007）砂州地形に関する用語と湾口砂州の形成プロセス．京都教育大学紀要 111，79-89.

田口雄作・吉川清志（1983）小貝川破堤（1981 年 8 月）による浸水流の挙動について．地理学評論 56-11，769-779.

多田文男・坂口豊（1954）伊豆狩野川沖積平野の発達史．東大地理学研究 3，1-13.

田辺晋・中西利典・木村克己・八戸昭一・中山俊雄（2008）東京低地北部から中川低地にかけた沖積層の基盤地形．地質調査研究報告 59，497-508.

田辺晋（2013）東京低地と中川低地における最終氷期最盛期以降の古地理．地学雑誌 122-6，949-967.

谷謙二「今昔マップ on the web」http://ktgis.net/kjmapw/index.html
谷端郷（2012）1938 年阪神大水害における家屋被害分布と地形条件・都市化との関連性．歴史地理学 54-3，5-19.
地図史料編纂会編（2002）『正式 2 万分の 1 地図集成［中部日本 1］』柏書房，202p.
辻村太郎（1926 a, b）断層谷の性質竝びに日本島一部の地形學的斷層構造（豫報）（一・二）地理学評論 2，130-152，192-218.
辻村太郎（1932 a，b，c）東北日本の断層盆地（上・中・下）．地理学評論 8：641-558，747-760，977-992.
東海三県地盤沈下調査会（1985）『濃尾平野の地盤沈下と地下水』．名古屋大学出版会，245p.
東木竜七（1926）地形と貝塚分布より見たる關東低地の舊海岸線（一）．地理学評論 2，597-607.
東木竜七（1928）侵食面の発達史より見たる霞ヶ浦地方の地殻運動．地理学評論 4，157-174.
東木竜七（1929）日本内海西域周防灘南部の成因論．地理学評論 5，16-41.
東木竜七（1930 a，b）關東平野の微地形學的研究（一・二）．地理学評論 6，1385-1422，1501-1535.
東京都建設局（2013）神田川・環状七号線地下調整池．東京都第三建設事務所パンフレット．8p.
土木学会編（1974）『日本の土木地理』．森北出版，442p.
土木学会中部支部編（1988）『国造りの歴史－中部の土木史－』．名古屋大学出版会，286p.
富田啓介（2008）尾張丘陵および知多丘陵の湧水湿地に見られる植生分布と地形・堆積物の関係．地理学評論 81-6，470-490.
内閣府（2014）『1707 年宝永地震』．災害教訓の継承に関する専門調査会報告書，250p.
内閣府・消防庁・農林水産省・水産庁・国土交通省・気象庁（2005）『高潮災害とその対応』．7p.
中野尊正（1952 a）土地分類の基礎．地理調査所報，15，25-30.
中野尊正（1952 b）Land Form Type 地形型の考え－高知平野を例として－．地理学評論 25-4，127-133.
中野尊正（1956）『日本の平野』．古今書院，320p.
中野尊正（1967）『日本の地形』．築地書館，362p.
中野尊正・門村浩・松田磐余（1968）東京低地の埋没地形と地盤沈下．地理学評論 41-7，427-449.
中埜貴元・小荒井衛・宇根寛（2015）地形分類情報を用いた液状化ハザード評価基準の再考．地学雑誌 124-2，259-271.
中根洋治・奥田昌男・可児幸彦・早川清・松井保（2011）旧河道と災害に関する事例的研究．土木学会論文集 D3（土木計画学）67-2，182-194.
名古屋市（1961）『伊勢湾台風災害誌』．名古屋市総務局調査課，443p.
名古屋市総務局（1997）『新修名古屋市史 自然編』．414p.
名古屋市総務局（1997）『名古屋港西地区ボーリングコア分析調査報告』．61p.
新潟古砂丘グループ（1974）新潟平野と人類遺跡－新潟砂丘の形成史 I －．第四紀研究 13-2，57-65.
新潟古砂丘グループ（1978）新潟砂丘砂－新潟砂丘の形成史 II －．第四紀研究 17-1，25-38.
西沢邦和（1978）濃尾平野の旧砂丘．地学雑誌 87-4，222-226.
西田一彦監修・山野寿男・玉野富雄・北川央編（2008）『大和川付け替えと流域環境の変遷』．古今書院，279p.
西山昭仁（2003）宝永地震（1707）における大坂での震災対応．歴史地震 18，60-72.
西山昭仁（2005）安政南海地震における大坂での震災対応．1854 安政東海地震・安政南海地震報告書，内閣府中央防災会議，42-67.
西山昭仁・小松原琢（2009）宝永地震（1707）における大坂での地震被害とその地理的要因．京都歴史災害研究 10，13-25.
日本地学史編纂委員会・東京地学協会（2010）戦後日本の地学（昭和 20 年～昭和 40 年）＜その 3 ＞－「日本地学史」稿抄－．地学雑誌 119-4，709-740.

日本地形学連合編（2017）『地形の辞典』．朝倉書店，1018p.

萩原二郎・宮田道一・関田克孝（2002）『回想の東京急行 II』．大正出版，153p.

羽鳥徳太郎（2006）東京湾・浦賀水道沿岸の元禄関東（1703），安政東海（1854）津波とその他の津波の遡上状況，歴史地震 21，37-45.

平井幸弘（2015）『ベトナム・フエラグーンをめぐる環境誌－気候変動・エビ養殖・ツーリズム』．古今書院，202p.

平川一臣・小野有五（1975）ヴュルム氷期における日高山脈周辺の地形形成環境．地理学評論 48-1，1-26.

復興局建築部（1929）『東京及び横浜地質調査報告』．144p.

藤岡達也（2000）大阪府河内平野における水害・治水史の考察－大東水害にみる古地形，土地利用変化の影響の検討から－．歴史地理学 42-1，16-28.

ヘロドトス・松平千秋訳（1971）『歴史』（上）．岩波文庫，岩波書店，468p.

牧野内猛（2001）東海層群の層序と東海湖堆積盆地の時代的変遷．豊橋市自然史博物館研究報告 11，33-39.

牧野内猛・森忍・檀原徹・竹村恵二・濃尾地盤研究委員会断面 WG（2001）濃尾平野における沖積層基底礫層（BG）および熱田層下部海成粘土層の年代－臨海部ボーリング・コアのテフラ分析に基づく成果－．地質学雑誌 107-4，283-295.

増田信也・高橋忠勝（2005）神田川流域の豪雨出水時の地下調節池洪水制御効果．平成 17 年都土木技術年報，115-128.

増田富士雄（1992）古東京湾のバリアー島．地質ニュース 458，16-27.

増田富士雄・藤原治・酒井哲弥・荒谷忠・田村亨・鎌滝孝信（2001）千葉県九十九里浜平野の発達過程．第四紀研究 40-3，223-233.

町田洋・大場忠道・小野昭・山崎晴雄・河村善也・百原新（2003）『第四紀学』．朝倉書店，323p.

松島義章（1979）南関東における縄文海進に伴う貝類群集の変遷．第四紀研究 17-4，243-265.

松田磐余（2006）江戸の地盤と安政江戸地震．京都歴史災害研究 5，1-9.

松田磐余（2013）東京の自然災害脆弱性を検証する．地学雑誌 122-6，1070-1087.

松田磐余・和田諭・宮野道男（1978）関東大地震による旧横浜市内の木造家屋全壊率と地盤との関係．地学雑誌 87-5，250-259.

松本秀明（1984）海岸平野にみられる浜堤列と完新世後期の海水準微変動．地理学評論 57-10，720-738.

森脇広（1979）九十九里浜平野の地形発達史．第四紀研究 18-1，1-16.

諸井孝文・武村雅之（2001）1923 年関東地震に対する東京市での被害データの相互比較と地震動強さ．日本建築学会構造系論文集 540，65-72.

矢沢大二・戸谷洋・貝塚爽平編（1971）『扇状地－地域的特性』古今書院，318p.

安田喜憲（1971）濃尾平野庄内川デルタにおける歴史時代の地形変化．東北地理 23-1，29-36.

矢田俊文（2013）1707 年宝永地震と大坂の被害数．災害復興と資料 2，118-122.

山本晴彦・山本実則・立石欣也・金子奈々恵・篠原昇平・原田陽子・吉越恆・岩谷潔（2012）2009 年台風 9 号により 8 月 9 日に兵庫県佐用町で発生した豪雨の特徴と洪水災害の概要．自然災害科学 30-4，421-439.

吉川虎雄・杉村新・貝塚爽平・太田陽子・阪口豊（1973）『新編日本地形論』．東京大学出版会，415p.

吉髙神充・田村竜哉（2008）デジタル航空カメラによる空中写真撮影．国土地理院時報 115，51-59.

若松加寿江（1998）福井地震における液状化現象．自然災害科学 17-1，7-10.

若松加寿江（1991）液状化問題の地形・地質的背景．応用地質 32-1，28-40.

若松加寿江（1993）わが国における地盤の液状化履歴と微地形にもとづく液状化危険度に関する研究．早稲田大学学位論文，244p.

若松加寿江・先名重樹・小澤京子（2017）平成 28 年（2016 年）熊本地震による液状化発生の特性．日本地震工学会論文集 17-4，81-100.

若松加寿江・先名重樹（2015）2011 年東北地方太平洋沖地震による関東地方の液状化発生と土地条件．日本地震工学会論文集 15-2，25-44.

渡辺偉夫（1998）『日本津波総覧 第 2 版』．東京大学出版会，238p.

Bird, E.（2008）*Coastal geomorphology*. Second ed, John Wiley & Sons, 411p.

Büdel, J.（1977）*Klima Geomorphologie*. Gebrüder Borntraeger, Berlin, 304p.

Dawson, A. G.（1992）*Ice Age Earth*. Routledge, London and New York, 293p.

Huddart, D. and Stott, T.（2010）*Earth Environments*. Wiley-Blackwell, 896p.

Jousel, J., Barkov, N. I., Barnola, J. M., Bender, M., Chappellaz, J., Genthon, C., Kotlyakov, V. M., Lipenkov, V., Lorius, C., Petit, J. R., Raynaud, D., Raisbeck, G., Ritz, C., Sowers, T., Stievenard, M., Yiou, F and Yiou, P.（1993）Extending the Vostok ice-core record of paleoclimate to the penultimate glacial period. Nature, 364, 407-413.

Kaizuka, S., Naruse, Y. and Matsuda, I.（1977）Recent Formations and Their Basal Topography in and around Tokyo Bay, Central Japan. Quaternary Research, 8, 32-50.

Lambeck, K. and Chappell, J.（2001）Sea level change through the Last Glacial Cycle. Science, 292, 679-686.

Leeder, M. R.（1982）*Sedimentology -Process and Product-*. George and Allen and Unwin, 344 p.

Lowe, J.J. and Walker, M.J.C（1984）*Reconstructing Quaternary Environments*. Longman, London and New York, 389 p.

Miall, A. D.（1996）*The Geology of Fluvial Deposits*. Springer, 582 p.

Murray-Wallace, C. V. and Woodroffe, C., D.（2014）*Quaternary Sea-Lwevel Changes*. Cambridge University Press. 484 p.

Oba, T. and Banakar, V. K.（2007）Comparison of Interglacial Warm Events since the Marine Oxygen Isotope Stage Ⅱ. The Quaternary Research（第四紀研究）, 46, 223-234.

Peltier, W. R. and Fairbanks, R. G.（2006）Clobal glacial ice volume and last Glacial Maximum duration from an extended Barbados sea level record. Quaternary Science Reviews, 25, 3322-3337.

Reineck, H. E. and Singh, I. B.（1975）*Depositional Sedimentaary Environments*. Springer-Verlag, Berlin, 439p.

Rachocki, A.H.（1981）*Alluvial Fans*. John Wiley & Sons, 161 p.

Russell, R. J.（1936）Physiography of the lower Mississippi delta, La. Dept. Conserv., Geol. Surv., Bull. 8, 3-199.

Russell, R. J.（1967）*River Plains and Sea Coasts*. University of California Press. 173 p.

Shackleton（1987）Oxygen isotopes, ice volume and sealevel. Quaternary Science reviews, 6, 183-190.

Strahler, A. N.（1960）*Phisical Geography*. 2nd. ed. Jhon Wiley and Sons, New York, 534p.

Umitsu, M.（1971）*Physical geographic study of the salt water intrusion in the lower reaches of the Kuji River, Ibaraki Prefecture, East Japan*. 1970 年度早稲田大学卒業論文 , 31 ページ , 付図 82.

Umitsu, M.（1985）Natural levees and landform evolution in the Bengal Lowland. Geographical Review of Japan, 58-B, 149-164.

Umitsu, M.（1987）Late Quaternary Sedimentary Environment and Landform Evolution in the Bengal Lowland. Geographical Review of Japan, Vol.60（Ser.B）, 2, 164-178.

Umitsu, M.（1993）Landforms and flood disaster of cyclone affected areas in Bangladesh. Geo Journal, 31-4, 339.

Umitsu, M.（1997）Landforms and floods in the Ganges delta and coastal lowland of Bangladesh.Marine Geodesy, 20, 77-87.

Umitsu, M., Tanavud, C. and Patanakanog, B.（2007）Effects of landforms on tsunami flow in the plains of Banda Aceh, Indonesia, and Nam Khem, Thailand. Marine geology, 242, 141-153.

Umitsu, M., Mardiatno, D., Dipayana, A. G. and Wisudarahman, A. S.（2013）Debris flow and Riverbank Erosion along the Putih River on the Piedmont Slope of Mt. Merapi, Indonesia, 奈良大地理 ,17.

Umitsu, M.（2016）Tsunami Flow and Geo-environment of the Pacific Coastal Region of Tohoku. In P.P. Karan and Suganuma, U. eds. "*Japan After 3/11*". 104-120.

Woodroffe, C. D.（2002）*Coasts:Form, process and evolution*. Cambridge University Press, 623p.

Yokoyama, Y., De Deckker, P., Lambeck, K., et al.（2000）Sea-level at the Last Glacial Maximum: evidence from northwestern Australia to constrain ice volumes for oxygen isotope stage 2. Paleogeography, Paleoclimatology, Paleoecology, 165, 281-297.

索引

き

く

こ

さ

し

す

せ

そ

た

ち

つ

て

と

著者略歴

海津正倫（うみつ まさとも）

1947年生まれ，東京都出身．理学博士．奈良大学特命教授，名古屋大学名誉教授．専門は自然地理学，地形学．沖積低地の形成史，デルタの地形環境や自然災害などに関する論文多数．主な著書・編著書『沖積低地の地形環境学』（古今書院），『沖積低地の古環境学』（古今書院）．分担執筆図書『微地形学』（古今書院），『環境の日本史1 日本史と環境－人と自然－』（吉川弘文館）．監訳：『20世紀環境史』（名古屋大学出版会），“*The Indian Ocean Tsunami: The Global Response to a Natural Disaste*r” P.P.Karan ed.（University Press of Kentucky）．

書　名　**沖積低地－土地条件と自然災害リスク－**

コード　ISBN978-4-7722-5328-4　C3044

発行日　2019年11月10日　初版第1刷発行

著　者　**海津正倫**

発行者　株式会社古今書院　橋本寿資

印刷所　三美印刷株式会社

製本所　渡辺製本株式会社

発行所　**（株）古 今 書 院**

〒113-0021　東京都文京区本駒込5-16-3

電　話　03-5834-2874

ＦＡＸ　03-5834-2875

ＵＲＬ　http://www.kokon.co.jp/

検印省略・Printed in Japan